新型农民实用人才培训教材

U0394031

农民
安全教育

宋志伟　郭淑云　主编

中国农业科学技术出版社

图书在版编目(CIP)数据

农民安全教育/宋志伟,郭淑云主编 .—北京:中国农业科学技术出版社,2011.12

ISBN 978-7-5116-0726-3

Ⅰ.①农… Ⅱ.①宋…②郭… Ⅲ.①农民-安全教育 Ⅳ.①X956

中国版本图书馆 CIP 数据核字(2011)第 229817 号

责任编辑	杜新杰
责任校对	贾晓红　郭苗苗

出 版 者	中国农业科学技术出版社
	北京市中关村南大街 12 号　邮编:100081
电　　话	(010)82106638(编辑室)　　　(010)82109704(发行部)
	(010)82109709(读者服务部)
传　　真	(010)82106624
网　　址	http://www. castp. cn
经 销 者	各地新华书店
印 刷 者	北京富泰印刷有限责任公司
开　　本	850 mm×1 168 mm
印　　张	4. 875
字　　数	127 千字
版　　次	2011 年 12 月第 1 版　**2014 年 7 月第 3 次印刷**
定　　价	14. 00 元

《农民安全教育》
编委会

主　编　宋志伟　郭淑云

副主编　杨云亮　张志萍　丁春梅

编　者　樊云阁　宋卢邨

前　　言

　　党的"十七大"明确提出,解决好农业、农村、农民问题,事关全面建设小康社会的大局,必须作为全党工作的重中之重。当前,我国农业正处于从数量型向数量与质量效益型转变的新阶段,发展有中国特色的现代农业、建设社会主义新农村成为当前农业农村工作的重要任务,其中培育一批有文化、懂技术、会经营的新型农民是关键。

　　农产品质量安全关系人民群众的身体健康,关系社会的和谐稳定,关系农业持续发展和农民增收。确保农产品质量安全,任重而道远,必须从生产源头、生产过程、产地准出、市场准入等各个环节做好工作,需要农产品生产者、经营者和政府管理部门共同努力。同时,随着我国工业化和城镇化建设的加快,农村经济发展迅速,农民的生活水平逐年提高,而农村的各类安全事故和公共安全事件也时有发生,农村公共安全事件和农村安全事故的多发不仅给农民群众生命财产造成了严重损失,而且直接影响着新农村建设的进程。近年来,由于全球环境气候变暖,各种自然灾害也给广大农村居民带来惨重的损失。

　　根据农业部等六部办公厅《关于做好农村劳动力转移培训阳光工程实施工作的通知》精神,为进一步做好新型农民教育培训工作,我们根据有关新型农民培训要求,组织有关专家编写了《农民安全教育》一书,从提高农村居民生产生活安全防范意识、传授安全生产生活及防灾减灾技能的角度编写,涉及农村安全隐患、农业生产安全、饮食卫生安全、财产安全、人身安全、交通安全、远离毒品邪教、防御自然灾害和农民务工安全等与农民生产生活息息相关的方方面面。

　　为方便农民学习,每一讲的体例均按照"安全知识、安全预防、危机应对"等形式进行编写,分别介绍安全基本常识、安全事故的预防、灾害发生后的应对措施等知识,全书力求图文并茂,生动有趣,平易浅近,既融会知识性和专业性,又体现趣味性与可读性。

俗话说:"无恙即富,平安是福。"我们衷心祝愿:各级政府都能充分利用好这本书,让安全教育成为新型农民教育的重要内容;每个家庭都能自觉细读这本书,让安全意识融入家庭生活的旋律;每个农民朋友都重视安全技能学习,时时拥有健康和幸福。

本书在编写过程中参考引用了许多文献资料,在此谨向其作者深表谢意。由于我们水平有限,书中难免存在疏漏和错误之处,敬请专家、同行和广大读者批评指正。

编　者

目　　录

第一章　农村安全隐患

一、农村环境状况

农村环境是以农民聚居地为主体,其周围一切自然和社会经济条件总和,是相对于城市环境而言的。农业环境以农业系统作为主体,把农业系统以外的自然条件和社会经济条件作为环境要素。农村环境与农业环境之间没有严格的界限,但前者以农村居民聚落为主体,侧重于居民的生产环境或人居环境,带有较多的社会属性;后者以农业系统为主体,侧重于农村居民的生产环境与生态环境,带有更多的自然属性。农村环境与农业环境在空间上大部分是重叠的,两者的大多数环境要素也是相同的。

(一)农村环境的构成

农村环境包括从事农业生产的自然环境(图1-1)和农村社会经济环境两大部分。

1. 农业自然环境

(1)大气环境　大气向作物提供光合作用的原料(二氧化碳),同时又为动物提供呼吸所必需的氧气。大气受到污染时还存在二氧化硫、一氧化碳、烟尘等可吸入颗粒物和酸雨等污染物质,会对作物与动物造成一定的伤害。

(2)土壤环境　土壤是作物和林木生长依托的基础,也是其吸收水分和养分的主要来源。土地退化和荒漠化、土壤侵蚀和水土流失、耕地面积减少、土壤物理性质改变和肥力下降都会使植被生产力下降,也会影响到动物的生存环境。

(3)水体环境　水是所有生物赖以生存的必需资源,农村常见的水体有河流、湖泊、池塘、水库、渠道、水井和地下水,陆地淡水

图1-1 农村自然环境

资源的枯竭和水体污染将严重影响农村居民的生活与农业生产。有的沿海农村还存在海水入侵的威胁。

（4）生物环境 包括有益生物、有害生物与生物多样性。青蛙、鸟类等有益生物是人类的朋友与有害生物的天敌，植物病虫草害和动物疫病的病原等是人类有害的生物。生物多样性为人类提供了宝贵的生物资源，全球变暖与不合理人类活动导致的生物多样性减少，并破坏生物种群之间的生态平衡。

2. 农村社会经济环境

主要体现在聚落环境，按照尺度与规模大小可分为院落环境、村落环境和城镇环境等不同层次，包括分布在农村的各种生产与生活服务设施、交通设施、乡镇企业、公共活动场所等。

（二）农村环境的特点

与城市环境相比，农村环境具有以下特点：第一，农村生态系统是一个复合系统，由自然生态、农业生态、村镇生态3个子系统组成。其中，自然生态子系统处于基础地位，农业生态子系统是主体部分，村镇生态子系统则处于核心地位。第二，农村环境污染以农业废弃物面源污染为主，但城市郊区也存在比较严重的工业与城市废弃物污染。第三，由于基础设施建设标准较低，农村对污染物控制与治理能力较差。但农村自然生态系统具有一定的自净能力，同等污染强度下农村环境质量会好于城市。

二、农村安全隐患

（一）农村常见的自然灾害

农村常见的自然灾害主要分为气象灾害、地质与地震灾害及生物灾害三大类。此外,沿海农村还受到海洋灾害的影响。

1. 农村气象灾害

气象灾害是农村最常见和发生最频繁的一类自然灾害。其中,洪涝与干旱是我国农村发生最为频繁和严重的气象灾害。洪涝灾害除造成作物减产甚至绝收外,还经常冲毁房屋和农村各种设施,严重威胁农村居民的生命财产安全(图1－2)。干旱灾害除造成作物减产或绝收外,还经常造成人、畜饮水困难,导致生态环境恶化。异常低温和高温也是农村常见的灾害,异常低温、高温或温度的剧烈波动都会给作物、畜禽和农村居民健康带来危害。冰雪还会给农村居民生产、生活和出行带来极大困难。空气干燥可形成大气干旱;干热风不利于植物开花授粉;低温寡照不但使植物的光合速率降低,而且影响动物与人类的健康。高海拔地区紫外线照射强烈,易对人体皮肤造成灼伤,还可导致皮肤癌。大风可损坏农村房屋和大棚、畜舍,使树木和电线杆倒折、作物倒伏。台风既有大风,又有暴雨,在海上还能掀起巨浪和形成风暴潮,是世界上危害最大的自然灾害之一。冰雹可砸伤人、畜,砸坏门窗和大棚,造成作物倒折、落花落果。在雷雨天气,位于高地或大树旁的房屋和在孤立山梁上行走的人容易遭受雷击。

2. 农村地质灾害

发生在农村地区的常见地质灾害有滑坡(图1－3)、泥石流、崩塌、地面沉降或塌陷、地裂、水土流失、海水入侵、土壤冻融以及由地质灾害引发的地方病等。崩塌、滑坡、泥石流通常发生在地质不稳定的山坡上,一旦有地震或暴雨等外力施加就可引发灾害,不合理的工程活动也会加剧山地灾害的发生。超量开采地下水通常是

图1-2 洪涝灾害

造成地面沉降与沿海陆地海水入侵的主要原因。水土流失的主要形式是水蚀与风蚀,水蚀以黄土高原和西南石灰岩山区最为严重,风蚀主要发生在我国西北的干旱、半干旱地区。大多数地方病都与地质环境中某些元素缺乏或过多有关。

3. 农村地震灾害

虽然我国制定了不同地区的防震建筑标准,但往往只在城市执行。广大农村的住宅修建由农民自己设计和施工,绝大多数农民建房未考虑地震设防,砖木结构、石板房和土坯房的抗震能力都很差。我国地震发生比较频繁和严重的地区有青藏高原外围、台湾、华北和华南沿海等地。

4. 农村生物灾害

生物灾害是指有害生物对植物、畜禽、设施及人类健康造成的危害。有害生物包括害虫、致病微生物、老鼠、有毒植物等。其中,植物病虫害造成农产品的损失率为25%左右。新中国成立以来,我国引进了许多国外优良动植物品种,但由于有的地方检疫不严格或逃避检疫,导致一些有害生物夹杂其间,造成了严重后果。

(二)农村常见的事故和灾难

1. 农村火灾

我国绝大多数农村没有专门的消防人员与设施,消防机构一般位于县城和大的集镇,离农村较远,有些山区还无法到达。贫困

图 1-3　滑坡灾害

地区的农村房屋多为木质梁柱和草房,农村居民又以薪柴和秸秆为主要生活燃料,堆积在房前屋后和厨房,许多庭院和园地以树枝和秸秆做成栅栏,北方农村冬季还在室内烧炕取暖。由于农村到处布满可燃物,在干燥多风季节和天气,火灾风险极大(图 1-4)。

图 1-4　农村火灾

2. 农村居室安全事故

农村居室安全事故除火灾和化学品污染外,还有触电、煤气中毒、食物中毒、烧烫伤、刀具割伤、室内物品倒塌砸伤、门窗夹伤、宠物咬伤或抓伤等。现在许多农村的青壮年大量外出打工,家中留下老幼缺少照顾,稍不留神就会发生各种事故。

3. 农村生产事故

田间劳动要注意冬季防冻和夏季防暑。使用役畜,如驯养不当,可能发生被马踢驴咬或牛角顶伤等事故。野外作业要注意防范跌入山谷、落井、溺水及掉进粪池、菜窖等意外伤害。喷洒农药如防护不足或逆风,或操作后未洗净手就饮食都有可能发生农药中毒事故。使用农机违反规程、操作不当可能发生割伤、撞伤、电击或烧伤事故。脱粒和农产品加工时还要注意防御粉尘危害。

4. 农村交通事故

改革开放以来,农村交通条件有很大改善,但大多数农村道路修建标准较低,安全设施欠缺,道路交通缺乏管理,使得农村交通事故不断上升,据有关资料统计,农村道路交通事故占种类交通事故的80%以上,死亡人数占70%以上。

5. 农村环境污染事故

农村环境污染以水污染最为突出,污染源分别来自工业、农业和生活污水。农村大气污染源主要来自附近工业和乡镇企业废气的不达标排放,农村燃煤、焚烧秸秆、山林火灾也能造成较严重的空气污染。目前,我国农村普遍缺乏垃圾收集、分类和处理设施,随意丢弃垃圾,日积月累对周边环境造成严重的污染。工业废渣包括建筑渣土、矿渣、煤渣和灰烬、污泥等,分解难度更大,长期大量堆积严重影响土地利用。地膜残留也造成大量农田土壤生产能力下降。

(三)农村易发生的公共卫生事件

1. 急性传染病流行

农村的卫生防疫条件不如城市,发生急性传染病如不及时防治,往往酿成重大突发公共卫生事件,特别是禽流感、口蹄疫、狂犬病等人畜共患病。

2. 群体食物中毒事件

群体食物中毒在农村较常见,通常是在婚丧宴请或学校集体伙食中误食被污染的食物、假酒、私盐,或在食物中混入有毒物质而造成大批人同时中毒。

(四)农村的社会安全隐患

1. 农村公共场所突发事件

农村公共场所活动包括集市、庙会、灯会、大型体育文化活动和节日庆典等,如缺乏管理场所狭窄或通道不畅,很容易发生拥挤踩踏,造成重大伤亡。

2. 农村刑事犯罪和经济犯罪事件

由于农村人口流动性加大和贫富差距扩大,各类刑事犯罪和经济犯罪案件有明显上升趋势。包括偷盗、抢劫,拐卖妇女儿童、卖淫、贩毒、走私,制造假冒伪劣产品和假钞,兜售伪劣种子、农药和化肥,高利贷、传销和商业欺诈等。有些村干部占用或挪用工程款、占地补偿款、农业生产补贴款、生态环境与乡村建设投资等,也是许多村民投诉的焦点。

3. 农村封建迷信和邪教活动

大多数农村缺乏文化设施,农村居民总体科学文化素质较低,封建迷信和邪教活动要比城市更加猖獗。

三、农产品质量安全

农产品质量安全指农产品质量符合保障人的健康、安全的要求。农产品安全生产则是指在农产品生产过程中,生产者所采取的一切家事操作应符合法律法规要求和国家或相关行业标准,以保证农产品质量的安全、生产者的安全和生产环境的安全(图1-5)。

图1-5　农产品质量安全

（一）农产品安全生产的意义

1. 农产品安全生产直接关系人类的健康和安全

在农业生产中，农药、兽药、化肥、饲料、添加剂、调节剂和抗生素等农业化学投入品的使用是保证农业丰收和农产品优质的重要手段。但是，片面地追求产量，不科学地使用农药、化肥、兽药、饲料和添加剂等农业化学投入品，就会严重浸染食物，在威胁人类健康的同时，还会造成严重的环境污染。因食用农药残留超标食物、含"瘦肉精"的猪肉而引起食物中毒的事故时有发生。

2. 农产品安全生产是提升我国农产品在国际市场竞争力的根本措施

随着全球经济一体化和世界贸易的日益发展，农产品出口成为农民致富的途径之一,农产品的进出口直接关系到农民的切身利益。美国、日本、欧盟等发达国家和地区是我国农产品出口的主要市场,这些国家和地区对农产品安全要求也很高,特别是与农产品安全密切相关的农药和保鲜剂残留标准。我国出口的农产品因残留超标遭到退货、索赔事件已发生多起,给农民带来了巨大的经济损失。2002 年,浙江出口给欧盟的虾仁被测出氯霉素超标,致使中国水产品全面被禁。因此,只有做到农产品安全生产,才能提升我国农产品的国际竞争能力。

3. 农产品安全生产符合我国农业可持续发展的要求

我国人口多、耕地少、底子薄,人增地减是我国的基本国情。农业发展的任务十分艰巨,不仅要保证生产出足够的产品满足社会发展的需求,而且要确保生态环境的平衡,实现可持续发展。过去,由于盲目垦耕、滥施化肥农药,又造成生态环境的恶化和自然生态的失衡。如施用农药,在杀死害虫的同时也杀死了害虫的天敌,加剧了农业病虫灾害,20 世纪 90 年代的棉铃虫暴发就是一个例子;又如大量使用化肥,使土壤板结,地力减退,产量下降,为了增加产量又施用更多的化肥,如此反复的恶性循环导致土壤生态环境的恶化。农民无法从越来越差的土地上获得好收成。因此,必须从长远利益出发,实施农产品安全生产,合理使用化肥、农药等农业投入品,以保障我国农业的可持续发展。

4. 农产品安全生产是提高农业效益的有效途径

一是无污染、安全、有营养的农产品品质好,虽然价格高,但更符合现代消费者的要求。目前,超市中优质果品比一般果品价格高 1～2 成甚至更高。二是生产质量安全的农产品的成本低于常规的农产品生产。因为,生产质量安全的农产品要求所用的农药、兽药、化肥、饲料、添加剂等农业投入品的数量大大少于常规生产,它更强调在生产的每个关键点的控制,肥料上依靠有机肥来调节地力,病虫害的防治强调生态控制,畜禽水产品生产流行免疫机制,实施产前、产中、产后一体化管理,使单位产品的管理成本低于常规农业生产。

5. 农产品安全生产有利于新技术在农业生产中的应用

由于长期以来中国农业生产片面追求数量增长,忽视品质和质量的提高,传统的农业生产方式是以化学肥料、农药、兽药和饲料添加剂等农业生产资料为基础的生产技术系统,缺乏相对完整、配套、可操作的农业生产过程控制技术体系、标准和具体措施。因此,农产品安全生产的实施将促进农业新技术的应用。

(二)农产品质量安全法律要求

2006 年 4 月 29 日,第十届全国人民代表大会常务委员会第二十一次会议通过了《中华人民共和国农产品质量安全法》,从法律上对农产品质量安全标准、产地、生产、包装和标识以及监督检查、法律责任等方面作出了规定,为从根本上解决农产品的质量安全问题提供了法律保障,有利于规范农产品生产、销售行为和秩序,保证公众农产品消费安全和广大人民群众的根本利益。

农产品产地是影响农产品质量安全的重要源头。因此,《中华人民共和国农产品质量安全法》对农产品产地管理进行了规定,确立了农产品产地安全管理制度,要求各级政府和农业行政主管部门改善产地生产条件,加强标准化生产示范区、动物无疫区和植物非疫区等基地建设,禁止在有毒有害物质超标的区域生产食用农产品和建立生产基地,并对禁止外源污染和防止农业内源污染作了规定。法律同时要求,农产品生产者应当合理使用化肥、农药、兽药、农用薄膜等化工产品,防止对农产品产地造成污染。

优质安全农产品是生产出来的。生产者只有严格按照规定的技术要求和操作规程进行农产品生产,科学合理地使用符合国家要求的农药、兽药、肥料、饲料及饲料添加剂等农业投入品,适时地收获、捕捞和屠宰动植物及其产品,才能生产出符合质量安全标准要求的农产品,才能保证消费安全。因此,《中华人民共和国农产品质量安全法》规定组织化程度比较高的农产品生产企业和农民专业合作经济组织应当建立生产记录,包括农业投入品使用情况、疫病和病虫害防治情况、收获、屠宰或者捕捞的日期等;农产品生产者应当按照法律、行政法规和国务院农业行政主管部门的规定,合理使用农业投入品,严格执行农业投入品使用安全间隔期或者休药期的规定,防止危及农产品质量安全;禁止在农产品生产过程中使用国家明令禁止使用的农业投入品。

农产品大多以鲜活产品为主,且多为异地销售。为确保广大消费者能够吃到色、香、味俱全和品质优良的农产品,在包装、贮存、运输过程中适当采取一定的保鲜防腐技术是必须的,也是发展的必然方向。因此,《中华人民共和国农产品质量安全法》规定农产品在包装、保鲜、贮存、运输中使用的保鲜剂、防腐剂、添加剂等材料,必须符合国家强制性技术规范要求。法律还确立了农产品标志管理制度,明确了无公害农产品标志和其他优质农产品标志受法律保护,禁止冒用。

为实行农产品市场准入制度,《中华人民共和国农产品质量安全法》还禁止不符合法律法规要求和农产品质量安全标准的农产品上市销售,即有下列情形之一的农产品,不得销售:含有国家禁止使用的农药、兽药或者其他化学物质的;农药、兽药等化学物质残留或者含有的重金属等有毒有害物质不符合农产品质量安全标准的;含有的致病性寄生虫、微生物或者生物毒素不符合农产品质量安全标准的;使用的保鲜剂、防腐剂、添加剂等材料不符合国家有关强制性的技术规范的;其他不符合农产品质量安全标准的。

第二章　农业生产安全

要确保农产品的质量安全,就要求在农产品生产的产前、产中和产后各个阶段,针对影响和制约农产品质量安全的关键环节和因素,采取物质、化学和生物等技术措施和管理手段,对在农产品生产、储运、加工、包装等全部活动和过程中可能危及农产品质量安全的关键点进行有效控制,以解决农产品"从农田到餐桌"的质量安全问题。在农产品生产中,产地(场址、水域)的选择,农业投入品(如种植业使用的化肥、农药,畜禽、水产养殖使用的兽药、饲料、添加剂、消毒剂)等的选择、采购与使用都与农产品的安全直接相关,都是农产品安全生产的关键环节。

一、农药正确选购与使用

农药按防治对象可分为杀虫剂、杀螨剂、杀菌剂、杀线虫剂、除草剂、杀鼠剂、植物生长调节剂。

◆**安全知识**◆

1. 国家明令禁止使用的农药

根据农业部第 199 号公告,全面禁止使用六六六、滴滴涕、毒杀芬、二溴氯丙烷、杀虫脒、二溴乙烷、除草醚、艾氏剂、狄氏剂、汞制剂、砷、铅类、敌枯双、氟乙酰胺、甘氟、毒鼠强、氟乙酸钠、毒鼠硅 18 种高毒农药。

根据农业部第 274 号公告,全面禁止使用甲胺磷、甲基对硫磷、对硫磷、久效磷和磷胺等 5 种高毒农药。

2. 国家限制使用的农药

根据农业部第 194 号公告,氧乐果禁止在甘蓝上使用,特丁硫磷禁止在甘蔗上使用。

根据农业部第 199 号公告,禁止在蔬菜、果树、茶叶、中草药材上使用的农药有:甲拌磷、甲基异柳磷、特丁硫磷、甲基硫环磷、治螟磷、内吸磷、克百威、涕灭威、灭线磷、硫环磷、蝇毒磷、地虫硫磷、氯唑磷、苯线磷。

根据农业部第 199 号公告,三氯杀螨醇、氰戊菊酯禁止在茶树上使用。

根据农业部第 274 号公告,丁酰肼(比久)禁止在花生上使用。

3. 购买农药要注意的问题

(1)要明确防治对象,选用最佳药剂品种。

(2)检查药品包装。包装上应注明农药产品名称、厂家名称、"三证号"、重量或体积、出厂日期、生产批次、使用时期与方法和注意事项(图 2-1)。

(3)要了解农药毒性,要选用高效、低毒、低残留农药品种,减少对环境的污染。

(4)外观质量要合格,要在保持期内。

图 2-1 农药包装标识

◆安全预防◆

1. 农药的简易鉴别

（1）登记证号的查询。登陆"中国农药信息网"点击网上查询系统，输入登记证号，即可知道登记证号的真伪及农业部备案电子版标签；检索《农药管理信息汇编》。

（2）外观质量鉴别。一是检查农药包装。好的农药外包装坚固，商标色彩鲜明，字迹清晰，封口严密，边缘整齐。二是查看标签。按标签识别内容要求进行检查。三是外观上判断。

（3）物质形态观察。质量好的农药外观上表现为以下特征：粉剂和可湿性粉剂为疏松粉末，无结块，颜色均匀。乳油为均相、无沉淀、无分层、无浑浊。悬乳剂为流动的、无结块，长期存放出现少量分层经摇晃后应能恢复原状。颗粒剂为粗细均匀、粉末少。水剂为均相、无沉淀或悬浮物。熏蒸用的片剂如呈粉末粉状，表明已失效。水剂应为均相液体，无沉淀或悬浮物，加水稀释后一般也不出现混浊沉淀。

（4）理化性质检查

①采取水溶法进行检查。可湿性粉剂农药可拿一透明的玻璃瓶盛满水，等水平静止，取半匙药剂，在距水面 1～2 厘米高度一次倾入水中，合格的可湿性粉剂应能较快在水中逐步湿润分散，全部湿润时间一般不会超过 2 分钟，优良的可湿性粉剂在投入水中后，不加搅拌，就能形成较好悬浮液，如将瓶摇匀，静止 1 小时，底部固体沉降物应较少。

乳油农药可用一透明玻璃杯盛满水，用滴管或玻璃棒移取试样，滴入静止的水面上，合格的乳油（或乳化性能良好的乳油）应能迅速向下向四周扩散，稍加搅拌后形成白色牛奶状乳液，静止半小时，无可见油珠和沉淀物。水溶性乳油农药能与水互溶，不形成乳白色。

干悬浮剂农药用水稀释后可自发分散，原药以粒径 1～5 微米的微粒弥散于水中，形成相对稳定的悬浮液。

②采用加热法检查。将悬浮剂结块的农药药瓶放在热水中 1 小

时,如沉淀物慢慢溶化说明可以使用;如果不溶化则说明失效或过期。

③采用灼烧法检查。取少许粉剂放置在金属角匙上,在火焰上加热,若有白烟冒出,该药剂可用;若迟迟无烟,则说明失效或过期。

2. 农药的正确保管

农户家中尽量不要存放农药,剩余农药应存放在一起以便保管。农药保管须注意以下几方面:

(1)应选择通风、阴凉、干燥、防火、防毒、防潮、防高温的地方,严禁明线接电。

(2)严禁与粮食、种子、食品、化肥、其他化学品、油料、生活用品混存;严禁贮于牲畜经常活动的地方;防止儿童接触;禁止接近火源或高温区域。

(3)严禁在农药贮存库房内动用明火或进行电焊、吸烟、饮食、休息等活动,防止人身中毒事故发生。

3. 农药的科学使用

农药的使用方法很多,应根据农药的性能、剂型、防治对象、防治成本以及环境条件等综合因素来选择施药方法。

(1)农药剂型　根据农药剂型来确定施药方法,多年来已被农民所采用。如乳油、水剂、胶悬剂等农药剂型,多采用常量喷雾的办法;油剂多采用超低容量喷雾法喷洒。

(2)防治对象　防治对象不同,所使用的施药方法也不同。如防治仓库粮食害虫,一般用药剂熏蒸法;防治土传病害,可采用药液灌根法;防治种传病害,应采用药剂种子拌种法。

(3)施药部位　防治对象所处的部位不同,施药方法各异。如要防治水稻植株根部的稻飞虱,可采用泼浇法;要防治棉花叶背的棉蚜、红蜘蛛等,应使用喷雾法;要防治地下害虫,可采取土壤处理法等。

(4)施药环境　环境因素对农药的防治效果影响很大,施药方法要根据具体环境条件确定。如雨季期间,可在下雨间隙时抢治,宜使用喷粉法;在温暖潮湿的温室里防治病虫害,不宜过多使用喷雾法,为了降低温室内的空气相对湿度,可采用粉尘法。

（5）注意事项　第一，配药时，配药人员要戴胶皮手套，必须用量具按照规定的剂量称取药液或药粉，不得任意增加用量。严禁用手拌药。第二，拌种要用工具搅拌，用多少，拌多少，拌过药的种子应尽量用机具播种。如手播或点种时，必须戴防护手套，以防皮肤吸收中毒。剩余的毒种应销毁，不准用作口粮或饲料。第三，配药和拌种应选择远离饮用水源、居民点的安全地方，要由专人看管，严防农药、丢失或被人、畜、家禽误食。第四，使用手动喷雾器喷药时应隔行喷。手动和机动药械均不能左右两边同时喷。大风和中午高温时应停止喷药。药桶内药液不能装得过满，以免晃出桶外，污染施药人员的身体。第五，喷药前应仔细检查药械的开关、接头、喷头等处的螺丝是否拧紧，药桶有无渗漏，以免漏药污染。喷药过程中如发生堵塞，应先用清水冲洗后再排除故障。绝对禁止用嘴吹吸喷头和滤网。第六，施用过高毒农药的地方要竖立标志，在一定时间内禁止放牧、割草、挖野菜，以防人、畜中毒。第七，用药工作结束后，要及时将喷雾器清洗干净，连同剩余药剂一起交回仓库保管，不得带回家去。清洗药械的污水应选择安全地点妥善处理，不准随地泼洒，防止污染饮用水源和养鱼池塘。盛过农药的包装物品，不准用于盛粮食、油、酒、水和饲料。装过农药的空箱、瓶、袋等要集中处理。浸种用过的水缸要洗净，集中保管。

◆**危机应对**◆

1. 农药中毒的预防

由于不同农药中毒作用机制不同，所以有不同的中毒症状表现，一般表现为恶心呕吐、呼吸障碍、心搏骤停、休克、昏迷、痉挛、激动、烦躁不安、疼痛、肺水肿、脑水肿等。为了尽量减轻症状和死亡，必须及早、尽快采取急救措施：

（1）施药人员要经过健康体检，应选择身体健康的青壮年，并应经过一定的技术培训。

（2）凡体弱多病者，患皮肤病和农药中毒及其他疾病尚未恢复健康者，哺乳期、孕期、经期的妇女，皮肤损伤未愈者不得喷药。喷药时不准带小孩到作业地点。

（3）施药人员在打药期间不得饮酒。

（4）施药人员打药时必须戴防毒口罩，穿长袖上衣、长裤和鞋、袜。在操作时禁止吸烟、喝水、吃东西，不能用手擦嘴、脸、眼睛，绝对不准互相喷射嬉闹。每日工作后喝水、抽烟、吃东西之前要用肥皂彻底清洗手、脸和漱口。有条件的应洗澡。被农药污染的工作服要及时换洗。

（5）施药人员每天喷药时间一般不得超过 6 小时。使用背负式机动药械，要两人轮换操作。连续施药 3 ~ 5 天后休息 1 天。

（6）操作人员如有头痛、头昏、恶心、呕吐等症状时，应立即离开施药现场，脱去被污染的衣服，漱口，擦洗手、脸和皮肤等暴露部位，及时送医院治疗。

2. 农药中毒的治疗

（1）经皮肤引起的中毒者，应立即脱去被污染的衣裤，迅速用温水，或用肥皂水（敌百虫除外，因敌百虫遇碱后会变为更毒的敌敌畏），或用 4% 碳酸氢钠溶液冲洗沾药的皮肤。若眼内溅入农药，立即用生理盐水冲洗 20 次以上，然后滴入 2% 可的松和 0.25% 氯霉素眼药水；疼痛加剧者，可滴入 1% ~2% 普鲁卡因溶液。严重者送医院治疗。

（2）吸入引起中毒者，立即将中毒者带离现场到空气新鲜的地方，并解开衣领、腰带，保证呼吸畅通，除去假牙，注意保暖。严重者送医院抢救。

（3）经口引起中毒者，应及早引吐、洗胃、导泻或对症使用解毒剂。

二、肥料正确选购与施用

肥料的种类有很多，大致可以分成有机肥料和化学肥料两大类。有机肥料也称农家肥，如人粪尿、家畜粪尿、厩肥、堆肥、沤肥、沼气肥、绿肥、饼肥等；化学肥料分为氮肥（如尿素、碳酸氢铵、硫酸铵、氯化铵、硝酸铵等）、磷肥（如过磷酸钙、重过磷酸钙、钙镁磷肥、磷矿粉等)、钾肥(如硫酸钾、氯化钾、草木灰等)、复合肥料(如硝酸磷肥、磷酸二氢钾、磷酸铵等)、中量元素肥料(如石膏、石灰、硫磺等)、微量元素肥料(如硼砂、硼酸、硫酸锌、硫酸锰、硫酸铜、硫酸亚铁、钼酸铵等)等。

◆安全知识◆

肥料产品包装及标识国家有明确规定,它也是农民购买肥料的依据(图2-2)。

图2-2　肥料包装标识

(1)肥料名称及商标　应标明国家标准、行业标准已经规定的肥料名称。对商品名称或者特殊用途的肥料名称,可在产品名称下以小1号字体予以标注。国家标准、行业标准对产品名称没有规定的,应使用不会引起用户、消费者误解和混淆的常用名称。产品名称不允许添加带有不实、夸大性质的词语,如"高效 XX"、"XX 肥王"、"全元素 XX 肥料"等。企业可以标注经注册登记的商标。

(2)肥料规格、等级和净含量　肥料产品标准中已规定规格、等级、类别的,应标明相应的规格、等级、类别;若仅标明养分含量,则视为产品质量全项技术指标符合养分含量所对应的产品等级要求;肥料产品单件包装上应标明净含量,净含量标注应符合《定量包装商品计量监督规定》的要求。

(3)养分含量　应以单一数值标明养分的含量。单一肥料应标明单一养分的百分含量。若加入中量元素、微量元素,可标明中量元素、微量元素(以元素单质计,下同),应按中量元素、微量元素两种类型分别标明各单养分含量及各自相应的总含量,不得将中量元素、微量元素含量与主要养分相加。微量元素含量低于0.02%或(和)中量元素含量低于2%的不得标明。

复混肥料(复合肥料)应标明 N、P_2O_5、K_2O 总养分的百分含量,总养分标明值应不低于配合式中单养分标明值之和,不得将其他元素或化合物计入总养分。应以配合式分别标明总氮、有效五氧化二磷、氧化钾的百分含量,如氮磷钾复混肥料 15-15-15。二元肥料应在不含单养分的位置标以"0",如氮钾复混肥料 15-0-10。若加入中量元素、微量元素,不在包装容器和质量证明书上标明(有国家标准或行业标准规定的除外)。

中量元素肥料应分别单独标明各中量元素养分含量及中量元素养分含量之和,含量小于2%的单一中量元素不得标明。若加入微量元素,可标明微量元素,应分别标明各微量元素的含量及总含量,不得将微量元素含量与中量元素相加。微量元素肥料应分别标出各种微量元素的单一含量及微量元素养分含量之和。

(4)其他添加含量　若加入其他添加物,可标明其他添加物,应分别标明各添加物的含量及总含量,不得将添加物含量与主要养分相加。产品标准中规定需要限制并标明的物质或元素等应单独标明。

(5)生产许可证编号　对国家实施生产许可证管理的产品,应标明生产许可证的编号。

(6)生产者或经销者的名称、地址　应标明经依法登记注册并能承担产品质量责任的生产者或经销者名称、地址。

(7)生产日期或批号　应在产品合格证、质量证明书或产品外包装上标明肥料产品的生产日期或批号。

(8)肥料标准　应标明肥料产品所执行的标准编号。有国家或行业标准的肥料产品,如标明标准中未有规定的其他元素或添加物,应制定企业标准,该企业标准应包括所添加元素或添加物的分析方法,并应同时标明国家标准(或行业标准)和企业标准。

(9)警示说明　运输、贮存、使用过程中不当,易造成财产损坏或危害人体健康和安全的,应有警示说明。

◆安全预防◆

1. 化肥真假鉴别

目前,化肥市场品种繁多,一些投机商人为了牟取暴利,以次充好,以假乱真,不择手段地变换花样,欺骗农民。为了帮助农民买到货真价实的化肥,现介绍一些简单的化肥真假辨别方法。下面将识别肥料真伪的方法概括为5个字:"看、摸、嗅、烧、溶"。

(1)看　从包装上鉴别,检查标志;检查包装袋封口。从形状和颜色上鉴别,查看形状和颜色(表2-1)。

表2-1　不同肥料的鉴别

化肥种类	形状	颜色
氮肥 (除石灰氮)	多为结晶体	多为白色,有些略带黄褐色或浅蓝色(添加其他成分的除外)
钾肥	多为结晶体	白色或略带红色,如磷酸二氢钾呈白色
磷肥	多为块状或粉末状的非结晶体	多为暗灰色,如过磷酸钙、钙镁磷肥是灰色,磷酸二铵为褐色等
复合肥	颗粒均一,表面光滑,不易吸湿和结块	着色十分均匀,没有明显的色差

(2)摸　将化肥放在手心,用力握住或按压、转动,根据手来判

断肥料。抓一把肥料用力握几次,有"油、湿"感的即为正品,而干燥如初的则很可能是冒充的。

(3)嗅 通过化肥的特殊气味来简单判断。如碳酸氢铵有强烈氨臭味;硫酸铵略有酸味;过磷酸钙有酸味。而假冒伪劣肥料则气味不明显。

(4)烧 将化肥样品加热或燃烧,从火焰颜色、熔融情况、烟味、残留物情况等识别肥料。

氮肥:碳酸氢铵,直接分解,发生大量白烟,有强烈的氨味,无残留物;氯化铵,直接分解或升华发生大量白烟,有强烈的氨味和酸味,无残留物;尿素,能迅速熔化,冒白烟,投入炭火中能燃烧,或取一玻璃片接触白烟时,能见玻璃片上附有一层白色结晶物。

磷肥:过磷酸钙、钙镁磷肥、磷矿粉等在红木炭上无变化;骨粉则迅速变黑,并放出焦臭味。

钾肥:硫酸钾、氯化钾、硫酸钾镁等在红木炭上无变化,发生"噼啪"声。

复混肥料:燃烧与其构成原料密切相关,当其原料中有氨态氮或酰氨态氮时,会放出强烈氨味,并有大量残渣。

(5)溶 取化肥1克,放于干净的玻璃管(或玻璃杯、白瓷碗中),加入10毫克干净的凉开水,充分摇动,看其溶解的情况,全部溶解的是氮肥或钾肥;溶于水但有残渣的是过磷酸钙;溶于水无残渣或残渣很少的是重过磷酸钙;溶于水但有较大氨味的是碳酸氢铵;不溶于水,但有气泡产生并有电石气味的是石灰氮。

有些肥料虽是真的,但含量很低。如过磷酸钙的有效磷含量低于8%(最低标准应达12%),则属于劣质化肥,对作物肥效不大。如果遇到这种情况,可采集一些样品(500克左右),送到当地有关农业、化工或标准部门进行真假化肥的简易鉴别。

2. 购买化肥注意事项

(1)首先要选择正规企业的产品,并要在正规企业的销售处或合法经销单位购买,不要贪图便宜,购买价格过低的肥料。

（2）要查看肥料包装标识，特别要注意查看有无生产许可证、产品标准号、农业登记证号，要查看产品质量证明书或合格证，以及生产日期和批号、生产者或经销者的名称、地址，产品要有使用说明书。

（3）肥料产品标识要清楚规范，不允许添加带有不实或夸大性质的词语，如"肥王"、"全元素"等。选择的肥料产品，外观应颗粒均匀，无结块现象，且不要购买散装产品。

（4）购买肥料要索要收据（发票）、信誉卡。肥料施用后保存肥料包装，以便出现纠纷时作为证据和索赔依据。

◆危机应对◆

1. 科学施肥要诀

（1）一个施肥原则要坚决贯彻　有机肥料与化学肥料配合施用。两者配合施用可以取长补短，增进肥效。这是我国肥料技术政策的核心内容，也是建设高产稳产农田的重要措施。

（2）两个养分平衡要切实做到　氮、磷、钾养分之间的平衡；大量营养元素与中、微量营养元素之间的平衡。在养分平衡供应的前提下，才能提高肥料利用率，增进肥效。平衡施肥是配方施肥的发展，是合理施肥的重要内容。

（3）三种施肥方式要灵活掌握　基肥为作物整个生长期间提供良好的营养条件，尤其是满足作物中、后期对磷、钾养分的需要；种肥解决苗期营养不足问题，特别是磷营养临界期，促进壮苗；追肥为了解决作物需肥与土壤供肥之间的矛盾，是协调作物营养的重要手段。一个完整的作物施肥方案是由基肥、种肥和追肥组成的。但要根据具体情况灵活掌握，不要强求一致。

（4）六项施肥技术要综合运用

①肥料种类或品种。要根据化肥性质施于不同的土壤和作物上。要根据土壤条件（如旱地和水田）合理施用化肥。要根据作物营养特性选用适合的化肥。

②施肥量。施肥量的施肥技术的核心。要用科学的方法确定施肥量，因为它是施肥技术的核心。施肥量偏高，会造成浪费；施

肥量偏低,难以发挥土地的增产潜力。施肥量太大,肥料利用率必然降低,肥效差,同时也是造成环境污染的根本原因。

③养分配比。养分配比失衡是指施肥的养分比例不符合土壤供肥状况,从而难以协调作物的营养需要。平衡施肥的最大特点是养分适当,可以充分发挥肥料的增产效益。养分配比应随条件(特别是土壤速效磷积累)变化作适当调整。高产田调整养分配比比增加施肥量更重要。

④施肥时期。营养临界期:一般在苗期。营养最大效率期:一般在旺盛生长期,如小麦在拔节期,玉米在大喇叭口期,棉花在开花结铃期。

⑤施肥方法。大田作物施肥方法有:撒施、条施、穴施、根外追肥、蘸秧根等。此外,果树还可采取环状、半环状和放射状沟施等。铵态氮肥和尿素均应深施覆土,才能减少氮的挥发损失;磷肥一般应深施,采取集中施用可减少土壤的化学固定。密植作物难以做到深施覆土,可撒施后及时浇水。

⑥施肥位置。肥料应施在根系分布较多的湿润土层,有利于根系吸收养分。对于中耕作物,氮肥应施在植株侧下方,将肥料施于植株基部是不对的。对于垄作作物,用料条施后起垄栽培,即下位施肥。

干旱情况下,科学施肥应遵守的原则:一次施肥量不宜过大;肥料深施,以水压肥;注意肥料合理搭配,尤其是钾肥、硼肥。

2. 测土配方施肥

测土配方施肥通俗地讲,就是在农业科技人员指导下科学施用配方肥。测土配方施肥技术包括:"测土、配方、配肥、供应、施肥指导"五个核心环节、九项重点内容。

(1)田间试验 获得不同作物在不同生长时间段的最佳施肥量、施肥时期和施肥方法,构建作物施肥模型。

(2)土壤测试 通过开展土壤氮、磷、钾及中、微量元素养分测试,了解土壤供肥肥力状况。

（3）配方设计　总结田间试验、土壤养分等的数据，同时根据地区的气候、地貌、土壤、耕作制度等相似性和差异性，结合专家经验，提出不同作物的施肥配方。

（4）校正试验　以当地主要作物及其主栽品种为研究对象，对比配方施肥的增产效果，校验施肥参数，验证并完善肥料配方，改进测土配方施肥技术参数。

（5）配方加工　目前不同地区有不同的模式，其中最主要的是市场化运作、工厂化加工、网络化经营。

（6）示范推广　建立测土配方施肥示范区，创建窗口，树立样板，全面展示测土配方施肥技术效果。

（7）宣传培训　通过宣传培训使农民掌握科学施肥方法和模式。

（8）效果评价　检验测土配方施肥的实际效果，及时获取反馈信息，对一定的区域进行动态调查。

（9）技术创新　农技人员重点开展田间试验方法、土壤养分测试技术、肥料配制方法、数据处理方法等方面的创新研究工作，不断提升测土配方施肥技术水平。

3. 化学肥料施用上的"十忌"

从化肥性质的角度提出的，农民朋友应努力做到：一忌碳铵表施。二忌碳铵在室温和大棚内撒施。三忌铵态氮肥与碱性肥料混施。四忌硫酸铵长期、连年施用。五忌硝态氮肥在稻田施用。六忌尿素施用后立即浇大水。七忌水溶性磷肥分散施。八忌钾肥拖到作物生长后期施。九忌含氯化肥在盐碱地和对氯敏感作物上施用。十忌高氯复合肥大量用于豆科作物。

三、种子正确选购与处理

◆ 安全知识 ◆

依《种子法》要求，有性繁殖作物的籽粒、果实包括颖果、荚果、蓇果、核果等种子应当进行加工包装销售,可有效地提高其商品化、标准化、社会化水平,并增强了优良品种在市场上的竞争力。要使包装种子质量好、外观美、信誉高,除必须严格抓好田间生产各个环节,提高种子纯度、确保种子质量外,在种子包装时还必须注意以下几点(图2-3):

（1）正规包装的种子,一般都经过精选和药剂处理　种子中夹杂的瘪粒、破碎粒、泥沙、杂草种子等杂质,常会携带和传播霉菌,因此一般会通过精选将种子中的杂质清除掉,以保证种子净度达到目标标准要求。经精选后的种子还必须进行药剂熏蒸或包衣处理(蔬菜种子),以保证种子包装后不霉变、不虫蛀。

图2-3　蔬菜种子包装标识

（2）严格控制种子含水量　玉米、小麦类的含水率应掌握在13%以内,棉种含水率应掌握在不高于11%,油菜、瓜类、蔬菜种子一般含水量应低于8%,凡是高于标准含水量的种子严禁包装。

（3）注意种子标签　按照有关规定,包装袋上应标注种子名称、生产者及其地址、种子生产许可证号、执行标准号、生产日期、限时使用期、等级、净重、品种特性、使用说明、注意事项等。合格证上应标明种子的发芽率、纯度、净度、水分等质量指标。不要购买散装、来历不明、无标识、无合格证甚至包装破损、标识字迹模糊的种子。

(4)查看包装材料和包装规格 对于玉米、小麦、大豆等用种量大，种价较低的种子，一般选用透明度好、耐磨拉力强的聚乙烯塑料袋包装，大袋可采用 50 千克/包、25 千克/包，在显著的位置可印上各自的标识。小包装可用每袋 5 千克、2.5 千克、1 千克、0.5 千克等，分别用不同规格的聚乙烯薄膜袋和牛皮纸袋；棉花和蔬菜部分经济作物类，用种量少，包装用精良的铁筒、铁盒、铁罐和优质的复合膜、铝箔包装等。

(5)包装计量要准确无误 在计量上力求准确无误，尽量减少误差，切不可从自身利益出发，缺斤少两，损害农民的利益和包装种子的信誉。要增强种子信誉，提高服务质量，实行袋装的种子，要严格按照国家的种子质量标准，把好质量关，使种子的纯度、净度、水分、色泽度等指标符合国标要求。

(6)种子包装上印刷的图文要醒目明了 依据《种子法》要求，在包装材料上必须用醒目的着色印刷简单的品种栽培说明及品种名称、产地，标注作物种类、种子类别、种子经营许可证编号、质量指标、检疫证明编号、净含量、生产年月、生产商名称、生产地址以及联系方式，使用户购种一目了然。

(7)陈种子不予包装销售 陈种子在发芽率、发芽势、生活力、抗逆性等方面明显不如新种子。由于长时间的存放，可能带上霉菌和病菌，所以在种子不紧张的年份，原则上对陈种子不予包装销售。在种子紧缺年份可标明进行销售。

◆安全预防◆

农业增产增收，首先取决于要购买到优良、纯正的种子，避免上当受骗。购买种子时要先学会以下几点：

(1)选择合法种子经营单位 要到具有合法种子经营单位购买良种，不能为了贪便宜到执照不全或无执照的非法单位购买。

合法种子经营单位指有种子经营许可证、经营种子营业执照的单位。

（2）购买有包装的种子 种子必须加工、分级、包装,才能向农民销售。散装种子容易被不良商贩掺杂作假,且事后追偿困难。因此,千万不要为图便宜而吃大亏。

（3）学会看标签 种子标签必须标明产地、种子经营许可证编号、质量指标(纯度、净度、发芽率、水分等)、检疫证明编号、净含量、生产年月、生产商名称、生产商地址以及联系方式等。主要农作物,如水稻、玉米、花生、大豆等种子标签还要注明种子生产许可证编号和品种审定编号。如果是进口种子,应当注明进口商名称、种子时出口贸易许可证编号和进口种子审批文号(图2-4)。

图2-4 精包装种子标识

（4）要学会利用自己的权利 农民有权根据自己的意愿购买种子,任何单位和个人不得干预。付钱的同时别忘了索取购种发票,要清楚写明所购种子的品种、名称、数量和价格。

（5）妥善保管相关物品 种子使用后要保管好所购种子的包装、标签、品种说明书和发票,并留下少量种子(至少1小包没打开过的)保存,直到收获后,以备出现问题时用于检验和鉴定。

◆**危机应对**◆

1. **种子出现质量问题的解决途径**

播种后,因为种子质量原因而引起出苗率低、产量低等后果,要保护好现场,不要随意将作物拔掉。应及时与经营单位联系反映情况,经证实是质量问题的可要求赔偿。如经营单位不理睬、态度不积极或赔付不合理,应及时向当地种子管理部门、工商机关、消费者协会投诉,直至去法院起诉,进行仲裁检验。

农民发现损失后,不得放弃田间管理,民法规定,当事人如发现损失后不认真管理,损失进一步扩大,由当事人自己负责。

2. **种子包衣技术的优点**

确保苗全、苗齐、苗壮;省种省药,降低生产成本;有利于保护环境,有利于提高种子商品性。

(1)包衣种子应具备的条件　种子必须是经过精选、浸选的优良品种。种子的成熟度、纯净度、发芽率、破损率必须符合良种标准。

(2)根据不同地区不同作物,及多年研究和示范经验,选择合适的种衣剂型。

(3)选用适宜的种子包衣方法　一是机械包衣:采用特定的机械进行种子包衣,包衣机械有计量系统,根据包衣机和种衣剂两个使用说明,按包衣比例调好计量装置,按包衣机的操作步骤进行即可。二是人工包衣:第一种方法是采用塑料袋包衣法。将两个大小相同的塑料袋套在一起,称取一定比例的种子和种衣剂装入袋内,扎上袋口双手快速搓揉,拌匀后倒出,留种待用。第二种方法是铁锅或大盆包衣法。先将锅或盆固定,将按比例称好的种子和种衣剂倒入锅或盆内,用木锨或双手(戴橡胶手套)快速翻动,拌匀后取出晾干备用。

(4)种子包衣时的注意事项　一是不宜浸种催芽。因为种衣剂溶于水后,不但会使种衣剂失效,而且溶于水的种衣剂还会对种子的萌芽产生抑制作用。二是种衣剂不能与敌稗类除草剂同时使用。三是种衣剂不能与碱性农药、肥料同时使用,不能在碱性很重的土壤上使用,否则种衣剂容易分解失效。四是不宜用于低洼易涝地。因为包衣种子在高水低氧的土壤环境条件下使用,极易出现酸败腐烂现象。

四、农机正确选购与使用

◆安全知识◆
常见的农业机械种类见表2-2。

表2-2　农业机械种类

农业机械类型	农机举例
动力机械	拖拉机、汽油机、柴油机等
收获机械	玉米收割机、棉花采收机、联合收割机等
保护性耕作机械	秸秆还田机、深松机等
田间管理机械	中耕机、喷雾机、弥雾机等
设施农业机械	微耕机、土壤消毒机、育苗机等
耕耘和整地机械	犁、耙、耕整机、旋耕机等
农用工程机械	挖掘机、装载机、起重机、推土机等

◆安全预防◆
1. 正确选购农业机械

(1)根据自己的经济实力　选购新型农业机械时要根据自己的经济承受能力,考虑使用范围,是自用还是赚钱,还是两者兼之,来决定购买什么样农业机械。例如,如果是用于收割、异地收获赚钱的,则应进行适当的调研,以免投入多,产出少造成损失,这是指收割机的选型。当然也要考虑农机具应满足当地的农艺需要,是不是能充分发挥新型农机产品的作用,最关键的是要考虑功能性价比,一般情况下新型产品的价位都比普通产品高,要考虑其将来的运营、管理、效益，不能一味追求新功能，看看竞争力前景如何，如果反之则得不偿失。

（2）根据需要选择机型　了解要买的农机新产品先进性在哪里，有哪些不足之处，然后确定是否真是适合需要，而不要被广告宣传所迷惑而盲目购置。另外，要尽可能多地掌握有关该机型的技术资料，如动力性、经济性、通用性、安全性、方便性等。还应了解该产品是否是国家正规企业的产品，有无"三证"（生产许可证、推广许可证、质量合格证），是否属国家定型产品，才能最后确定是否可买。

（3）考虑零配件通用性　新型农机产品有不少新结构、新零件，这些零件的结构形状及尺寸不同，一般不具有通用性，有些在市场上买不到，必须到厂家去买，这样会给修理换件带来很大麻烦。另外，有时虽然在当地能找到一家该产品零配件专卖店，但因缺乏竞争对手，零配件的价格往往较高，会人为加大维修成本和生产成本。因此，最好选购零配件供应普及的产品。

（4）注意售后服务　消费者在购买时切不可忽视售后"三包"服务问题，索取"一票二证"，一票即销售发票，二证是指产品合格证和三包凭证，这是国家经贸委等五部委颁布的《农机产品退货、更换、修理规定》（俗称三包）的重要凭证。如果"三包"服务难以及时到位，就会耽误作业时间，造成不必要的损失。所以，买机时最好就近在当地农机公司购买，并要求销售方作出及时提供售后"三包"服务的承诺。

2. 选购农机注意事项

（1）注意商标、重量和规格型号　购买农机产品和配件时，一定要有商标意识。选购配件时，首先要观察配件规格型号是否符合使用要求。其次要用手掂量掂量，伪劣配件大都偷工减料，重量轻、体积小，要注意识别。

（2）注意有无产品合格证和装配记号　正宗产品均有国家质量技术监督部门鉴定合格后，准予生产出厂的检验合格证、说明书,以及安装注意事项,若无多为假冒伪劣产品。

(3)注意有无裂纹和扭曲变形 伪劣产品从外观上查看,光洁度较低,而且有明显的裂纹、砂孔、夹渣、毛刺等缺陷,容易引起漏油、漏水、漏气等故障。此外,轮胎、三角皮带、轴类、杆件等,如存放的方法不妥当,就容易变形,几何尺寸达不到使用规定要求,就无法正常使用。

(4)注意有无锈蚀和松动、卡滞 合格产品部件转动灵活,间隙大小符合标准规范。伪劣产品大都不是太松,就是卡滞转动不灵活。而有些零配件由于保管不善或存放时间过长,造成锈蚀、氧化、变色、变形、老化等现象。若有以上情况均不宜购买。

(5)注意外表包装和表面颜色 正宗产品的包装讲究质量,产品都经过防锈、防水、防蚀处理,采用木箱包装,并在明显位置上标有产品名称、规格、型号、数量和厂名。部分配件总成采用纸质好的纸箱包装,并套在塑料袋内。假冒伪劣产品包装粗糙低劣。如果是厂家原装产品,表面着色处理都较为固定,均为规定颜色,因此,从外观上也可看出农机的优劣。

3. 常用农业机械安全使用

(1)拖拉机作业安全要求 发动机启动后,必须低速空运转预温,待水温升至60℃时方可负荷作业。使用皮带轮时,主、从动皮带轮必须在同一平面,并使传动皮带保持合适的张紧度。使用动力输出轴时,动力输出轴和后面农具间的边轴节应用插销坚固在轴上,并安装防护罩。经常注意观察仪表,水温、油压、充电线路是否正常。发动机冷却水箱"开锅"时,须停止作业使发动机低速空转,但不准打开水箱盖,不准骤加冷水。发动机工作时出现异常声响或仪表指示不正常时,应立即停机检查。发动机熄火前,应先卸去负荷,低速运转数分钟后才能熄火。不准在满负荷工作时突然停机熄火。检查、保养及排除故障必须在切断动力,熄火停机后进行。严禁超负荷作业。夜间作业照明设备必须良好。不能在起步前猛轰油门。

拖拉机安全作业口诀

拖拉机,效率高,安全作业最重要;驾驶员,须培训,持证上岗要记牢。
拖拉机,上牌照,办理手续属正常;说明书,要细读,安全法规记心上。
上道路,听指挥,遵章守法安全保;下田前,细检查,技术状况要良好。
作业时,稳操作,驾机耕耙田间跑;转弯时,速度慢,机后农具要升高。
倒车时,看前后,注意人机不受伤;过田埂,走水沟,慢慢转移不要慌。
作业后,勤保养,确保机器无故障;拖拉机,作业忙,安全生产不能忘。

（2）收割机作业安全注意事项　收割机作业前,须对道路、田间进行勘察,对危险路段和障碍物应设明显标记。在收割台下进行机械保养或检修时,须提升收割台,并用安全托架或垫块支撑稳固。卸粮时,人不准进入粮仓,不准用铁器等工具伸入粮仓,接粮人员手不准伸入出粮口。收割机带秸秆粉碎装置作业时,须确认刀片安装可靠,作业时严禁在收割机后站人。长距离转移地块或跨区作业前,须卸完粮仓内的谷物,将收割台提升到最高位置予以锁定,不准用集草箱搬运货物。收割机械要备有灭火器及灭火用具,夜间保养机械或加燃油时不准用明火照明。

（3）正确使用电动农机具注意事项　一是有接地装置。电动农机具的金属外壳,必须有可靠的接地装置或临时接地装置。这样,万一农机具的金属外壳带电,电流就会通过地线流入地下,从而避免人身触电事故的发生。二是不可带电移动。移动电动农机具需事先关掉电源,不可带电移动。三是供电线路安装。电动农机具的供电线路必须按照用电规则安装,严禁乱拉乱接。如果农机具离电房较远,应在农机具附近单独安装双刀开关和电容断器,以便在发生意外时能迅速切断电源。四是不带电检修。电动农机具发生故障需停电检修,不能带电检修。同时,要悬挂"禁止合闸"、"有人工作"等警告牌,或者派专人看守,以防有人误将闸刀合上。五是安装触电保护器。使用单相电动机的农机具,要安装低压触电保护器。这样在发生事故时就能自动切断电源,使触电者脱离危险。低压触电保护器要经常保持灵敏可靠,以保安全。六是试运转。使用长期未用或受潮的农机具,应在投入正常作业前进行试运转。如果供电后不运转,必须立即拉闸断电,防止烧坏农机具和危及人身安全。七是执行操作规程。农机具操作人员要加强防范意识,严格执行操作规程。操作时,应穿绝缘鞋,不要用手和湿布揩擦电器设备,不要在电线上悬挂衣物。八是发生电器火灾的处理。一旦发生电器火灾,要迅速拉闸后再扑灭。不能在拉闸停电之前就采用泼水救火的方法,以防传电、漏电。如果有人触电也要立即切断电源再救人。若闸刀距离触电处较远,可用木棒等绝缘体将电线挑开,切不可用手拖拉触电者,否则拖拉者也会一起触电。

4. 注意避免常见农机驾驶不安全做法

不经磨合试运转就带负荷作业;驾驶机车时吸烟和单手控制方向;超载超速人货混装;过度疲劳驾驶;机车下坡空挡滑行;排除故障时发动机不熄火;脱粒作业时操作手擅离工作岗位;短暂停车脚踩离合器不摘挡;起步前猛轰油门。

5. 以下人员不能驾驶拖拉机

有器质性心脏病、癫痫、美尼尔氏症、眩晕症、癔症、震颤麻痹、精神病、痴呆以及影响肢体活动的神经系统疾病等妨碍安全驾驶疾病的。吸食、注射毒品,长期服用依赖性精神药品成瘾尚未戒除的。吊销拖拉机驾驶证或者机动车驾驶证未满 2 年的。交通事故后逃逸被吊销拖拉机驾驶证或者机动车驾驶证的。驾驶许可依法被撤销未满 3 年的。法律、行政法规规定的其他情形。

◆ 危机应对 ◆

1. 农业机械的保养

总结农机保养技术要"五净":

(1)燃油净　柴油净化有 3 种方法:首先是把购回来的柴油静置沉淀 96 小时以上,再就是加油时将漏斗加滤网,再加一层绸布。从油桶取油时,过滤器外加包一层绸布或打字机蜡纸,并应定期清洗或更换。

（2）润滑油净　机油过滤器的过滤芯要定期清洗,转子式的过滤器在转子内壁贴一层宽窄长短合适的牛皮纸,便于在离心作用下吸附污垢。滤芯上吸附的污物清洗时最好用打气筒充气,从内向外吹气,用毛刷刷洗,绝不要用手抹。黄油要用洁净的钙基润滑脂,勿随便乱注其他润滑油。

（3）空气净　发动机运转时,气缸每分钟吸入空气 2～4 立方米。为了保证进入气缸的空气干净,必须对空气滤清器加强检查,定期清洗。

（4）冷却水净　发动机冷却水最好用软水,即雪、雨水或经处理的自来水和洁净的井水等,冷却系统清洗时按水容积的比例加1% 的烧碱和0.5% 的煤油。

（5）机具净　要经常擦洗,使机身不生锈,必要时给予补漆,以防锈蚀。

2. 农机维修安全事项

农民在修理农机时,由于缺乏安全意识,发生意外事故是很常见的。所以,一定加强自我安全意识。修理农机时,要预防以下几点:

（1）防压伤　修理中的农机车辆,必须用三角木塞牢车轮胎。使用千斤顶顶起车辆后,还应用支撑工具撑牢。放松千斤顶前,注意旁边是否有人和障碍物。检修液压车厢的管路,要在倾斜的车厢支撑牢后才可进行。

（2）防烫伤　修理运转中的发动机,应防止被高温气体,特别是排气管排出的气体烫伤。水箱水温很高时,不要急于打开水箱盖,以防被沸水冲出烫伤。

（3）防腐蚀　配制蓄电池电解液,应使用陶瓷或玻璃容器。检查电解液高度和密度时,不要让电解液溅在衣服或皮肤上。

（4）防中毒　修理期间需要经常启动发动机,频繁进行氧焊、电焊作业,室内往往充斥大量废气。因此,必须保持修理环境中空气流通,以免慢性中毒。

（5）防爆炸 油箱、油桶焊补前须彻底清洗干净，确认内腔无油气后再施焊。此外，电瓶间应杜绝火星，防止蓄电池溢出的氢气和氧气积聚，遇上火花发生爆炸。

（6）防火灾 修理汽油机时不可出现明火。砂轮机附近不得搁置汽油盆。沾有废油的棉纱、破布等应及时妥善处理，不得乱丢。

（7）防触电 电气设备要可靠接地，开关设备应高过人头。电线老化或损坏应及时更换，以防触电或引发火灾。

五、沼气使用与安全防护

◆安全知识◆

1. 换料和投料时应注意安全

（1）沼气池在密封的情况下，加水试压和进料的速度不能过快，特别是当液面淹过进料管口、出料口的挡板后，更要放慢速度，以免池内气体压力急剧增大或减小而损坏池体。沼气池出料时，也不要过快、过猛，以免产生较大负压，而破坏池体。在大量进料、出料时，要把输气导管拔掉，有活动盖的要打开活动盖（此时严禁有烟火接近沼气池），防止产生过大的正压或负压。用抽水机抽出料液或加水时，更应特别注意这一点。

（2）新建沼气池一旦投料后，就会发酵产气，如果需要继续加料，只能从进料口或活动盖口处加入，严禁人进入池内加料、搅拌和打捞杂物，以免发生窒息、中毒事故。

（3）严禁在进料和出料时使用沼气，以避免引起回火，造成爆炸或火灾等事故。

（4）向沼气池中投完料后，在放气试火时，严禁在沼气池顶部的导气管口直接点火，以避免引起沼气池回火爆炸，发生火灾，造成人员伤亡。

（5）沼气池被堵塞时，严禁人直接进到沼气池内清除堵塞物，可以在进、出料口处用长把钩子清除,或者将活动盖打开半天充分通气后,在池顶外面用长把钩子清除堵塞物。

(6)沼气池的进料口、出料口加装防护盖。防止人、畜掉入池内,造成伤亡事故。

(7)沼气窒息中毒的情况多发生在准备大出料时。因为二氧化碳比空气重,不易散发。在这种情况下,人一旦进入沼气池就极有可能发生窒息。长时间不用的沼气池被重新利用也容易发生窒息事故。应注意充分通风,不要轻易进入沼气池中。

2. 沼气安全运行应注意事项

(1)严禁向沼气池投放农药和各种杀菌剂,以及对沼气发酵过程有影响的抑制剂,以免破坏正常的沼气发酵。

(2)禁止将电石投入沼气池中,以免杀死池内微生物和引起爆炸事故。

(3)严防雨水、沟水和屋檐水流入沼气池内,冲淡料液浓度,降低池温,影响产气。

(4)禁止向正常使用的沼气池中加入尿素、碳铵等化学肥料和化学品。

(5)禁止向沼气池中投入大蒜、桃叶、马钱子等抑制沼气发酵的原料。

3. 使用沼气应注意的安全事项(图2-5)

(1)禁止在沼气池的导气管口、进料口和出料口处点明火试气,以免引起回火,使沼气池发生爆炸。

(2)发现室内有臭鸡蛋味或大蒜味时禁止点明火,以免引起火灾和爆炸。必须及时开窗通风,并查找漏气管路,维修好后方可使用。

(3)当用引火物点燃沼气时,应先点燃引火物,后打开开关。禁止将开关打开很久才点火,以免沼气在室内散发太多,点火时烧伤人和引起火灾。若不慎发生火灾时,应关上开关或将导气管截断扎紧,截断气源以免引起沼气池爆炸。

图2－5 沼气安全使用与管理

（4）每次使用沼气前后，都要检查开关是否已经关闭。要养成沼气用完即关的习惯，杜绝人为因素造成沼气泄漏。

（5）禁止将易燃、易爆物品堆放在沼气用具附近。

（6）要经常检查输气管道和开关、三通有无漏气现象，如管道因老鼠咬坏或老化而破裂漏气时，要及时更换修理。

（7）禁止小孩在沼气池附近玩耍，以免引起火灾、烧伤、爆炸等事故。不要让小孩使用沼气灶具。

◆**安全预防**◆

1. 沼气灶的使用应注意的安全事项

（1）一定要保持空气流通，不要紧闭门窗。

（2）应避免风吹，一是因为风吹使火焰摇摆不稳，火力不集中；二是风大时易吹灭火焰，可能使沼气大量泄漏，从而容易造成安全事故。

（3）应有人值守，煮汤或浇水时，不宜装得太满，以免溢出的汤或水浇灭火,而泄漏沼气,引发安全事故。

(4)在使用没有电子或脉冲打火的沼气灶时,应先点燃火柴等引火物,再打开沼气开关点火。

(5)选用质量好的沼气灶。在使用沼气灶时,注意调节灶上的空气进气孔(风门),以避免缺氧,沼气燃烧不完全会产生一氧化碳有毒气体。

(6)熄火时,应将旋钮顺时针旋至关闭(OFF)位置,在听见"嗒"的一声后,关闭沼气灶前管路上的开关。

2. 沼气灯使用应注意的安全事项

(1)沼气灯一般采用聚氯乙烯管连接,管与灯的喷嘴连接处应用固定卡或铁丝捆扎牢固,以防漏气或脱落。

(2)沼气灯不要放在柴草、油料、衣服、蚊帐等易燃物品的旁边,要远离电线和烟囱。吊灯光源中心距顶棚的高度以75厘米为宜,对于木房和草房,灯和房顶结构之间要操持1~1.5米的距离,以免引发火灾。灯的高度最好可以调节。

(3)在使用非电子打火的沼气灯时,应先点燃火柴等引火物,然后再打开沼气开关点火。

(4)沼气纱罩含有毒物质,换下的旧纱罩要深埋,如手上粘到灰粉要及时洗净,注意不要弄到眼睛里和食物中,以免中毒。

(5)选用优质的沼气灯。使用沼气灯时,要注意调节灯上的空气进气孔(风门),以避免由于缺氧,沼气燃烧不完全,产生一氧化碳有毒气体。

3. 沼气饭煲使用应注意的安全事项

(1)沼气饭煲的管道应采用燃气专用软管,饭煲的进气口与软管连接要用管箍紧固。

(2)沼气饭煲应置于平稳、结实、通风的地方,距离墙壁20厘米以上。

(3)沼气饭煲与沼气灶之间的距离大于50厘米。

(4)沼气饭煲不能接近其他易燃易爆的物品。

（5）由于沼气饭煲使用明火，用户在使用时应注意避免被火灼伤，同时也要避免"干烧"。

4. 沼气热水器使用应注意的安全事项

（1）热水器严禁安装在浴室内，应安装在有良好自然通风和采光的单独房间内，同时应安装烟道，以将废气排出室外。如果不能保证新鲜空气的及时补充，热水器会因缺氧燃烧不完全，导致有毒气体一氧化碳的迅速产生，并形成恶性循环，极易发生安全事故。并且，由于热水器的耗氧量大，在密闭空间内使用过久，也可能造成安全事故。

烟道最好能单独设置，如果需要与其他设备共用烟道时，烟道的排烟能力和抽力应满足要求。烟道上不得设置挡板等增加阻力的装置。烟道上部应有不小于 0.25 米的垂直上升烟道；水平烟道总长应小于 3 米，且应有 1%的坡度坡向热水器。烟道直径不得小于热水器烟气出口的直径，应有足够的抽力和排烟能力。

安装热水器的房间必须有进气孔和排气孔，孔的有效面积不能小于 0.03 平方米，最好能够安装排风扇。房间的门和窗应向外开放，门应与卧室门、客厅门隔开。

（2）热水器应安装在耐火墙上，后盖与墙的距离应不小于 2 厘米；如果安装在不耐火的墙壁上时，应加装外形尺寸大于热水器外壳尺寸 10 厘米的隔热板；安装用的沼气管道、供水管道最好采用金属管，如果采用软管时，沼气管用耐油管，水管用耐压管，并在连接处用管箍紧固。

（3）热水器远离易燃易爆、怕高温的物品，热水器上部不得有电线、电器设备。如果距离过近，一旦热水器发生故障，容易损坏设备，甚至引起火灾事故。

（4）热水器不使用时，应关闭沼气管道上的开关。

（5）根据国家对燃具安全使用的规定，禁止使用直排式热水器，烟道式、强排式热水器的使用年限一般为 6 年。到期后，用户应及时更换。

◆危机应对◆

1. 沼气中毒的预防

沼气使用时,切勿紧闭门窗。沼气使用时,切勿无人监护。沼气使用中,点火试气只能在沼气灶上进行。沼气使用中,只能用洗衣粉水或肥皂水检查开关、接头和输气管道是否有漏气现象。

2. 沼气池内窒息、中毒人员的抢救

若有人在沼气池内窒息、中毒时,要积极组织力量进行抢救。抢救时,要沉着冷静,切忌慌张,以免接连发生窒息、中毒事故。在抢救时,首先要用风机等鼓风设备连续不断地向池内通入新鲜空气,同时迅速搭好梯子,组织抢救人员入池。抢救人员必须拴上保险绳,入池前要深吸一口气,最好口内含通气管通气(通气管的一端保证在池外),尽快把昏迷者搬出池外,放到地面避风处,解开上衣和裤带,但要注意保暖,轻度窒息人员不久即可苏醒。如已停止呼吸,要立即进行人工呼吸,做胸外心脏按压,严重者经初步处理后,要就近送往医院抢救。如昏迷者口中含有发酵料液,应事先用清水冲洗面部,掏出嘴里发酵原料,并抱住昏迷者的腹部,让昏迷者头部下垂,使昏迷者吐出肚内发酵料液,再进行人工呼吸和必要的药物治疗。

3. 沼气泄漏时紧急处置

沼气泄漏时,切勿触动电器开关(如开灯、关灯)。沼气泄漏时,切勿按动门铃。沼气泄漏时,切勿使用室内电话或无线电话。沼气泄漏时,切勿使用排气扇、电风扇将沼气排到室外。沼气泄漏时,切勿开启任何燃具,直到漏气情况得到控制和室内无沼气为止。沼气泄漏时,应立即关闭沼气管道总开关,打开门窗,并及时报修。

第三章 农民饮食卫生安全

一、农村家庭饮水安全

水使一切生命赖以生存。现代社会的人口增长、工农业生产活动和城市化的急剧发展,却对有限的生命之水产生了巨大的冲击。在全球范围内,水质的污染,特别是生活用水的污染已威胁到人类的福祉。

◆**安全知识**◆

1. 生活饮用水污染

生活饮用水污染包括生物性污染和化学性污染。生物性污染即介水传染病(伤寒、痢疾、霍乱、甲型肝炎等)病原污染等。化学性污染即砷、甲基汞、镉等污染。常见的污染途径如下:工业生产排放的废水;城市生活污水;农业上污水灌溉、喷洒农药、施用化肥,被雨水冲刷随地表径流进入水体;固体废物中有害物质,经水溶解而流入主体;工业生产排放的烟尘废水,经直接降落或被雨水淋洗而流入水体;降雨和雨后的地表径流携带大气、土壤和城市地表的污染物进入水体;海水倒灌或渗透;天然的污染源影响水体未受污染时各要素含量。其中,工业污染源是造成生活用水污染的最主要来源。

2. 水污染对人体健康的危害

水污染对人体健康的影响,主要有以下几个方面:

一是引起急性和慢性中毒,水体受化学有毒物质污染后,通过饮水或食物链便可造成中毒,如甲基汞中毒(水俣病)、镉中毒(骨痛病)、砷中毒(皮肤癌)、铬中毒(皮肤溃疡)、铅中毒(贫血、神经错乱)、农药中毒、多氯联苯中毒等。

二是致癌作用,某些有致癌作用的化学物质,如砷、铬、镍、铍、苯胺、苯并(a)芘和其他多环芳烃等污染水体后,长期饮用这类水质或食用这类生物就可能诱发癌症。

三是发生以水为媒介的传染病,生活污水以及制革、屠宰、医院等废水污染水体,常可引起细菌性肠道传染病和某些寄生虫病,如伤寒、痢疾、肠炎、霍乱、传染性肝炎和血吸虫病等。

四是水受污染后,常可引起水的感官性状恶化,发生异臭、异味、异色、呈现泡沫和油膜等,抑制水体天然自净能力,影响水的利用与卫生状况。

五是水体"富营养化":湖泊、水库等水域"富营养化",造成蓝藻、绿藻类异常繁殖,使水流减缓、水体浑浊,缺乏溶解在水中的氧气,并分解出毒物,导致水生生物死亡,饮用水水源恶化。

◆ **安全预防** ◆

(1)从自身生活习惯做起,减少生活用水污染。多用肥皂,少用洗涤剂;不向江河湖海倾倒垃圾、污水;不去饮用水源地游玩、游泳、捕鱼、划船等;提醒家人不要在河边、湖边倾倒垃圾;洗碗盘时尽量不用或少放洗涤剂;剩菜里的油腻物应倒入垃圾箱。

(2)地面水要净化和消毒后才可饮用,井水也应消毒后饮用。

(3)经常用流水清洗水龙头,保持自来水龙头的卫生。不要自行改装自来水管道。

(4)遇到突然停水时不要惊慌,供水部门会在短时间内向群众说明停水原因。停水后应立即关好水龙头,防止来水后造成跑水事故;来水后需打开水龙头适当放水,待管道内的残水及杂质冲放干净后再使用。

(5)饮水机应定期清洗和消毒;不用的时候应关闭电源。

(6)当井水、河水、自来水或饮水机的桶装水颜色浑浊、有悬浮物、有异味或水温出现明显异常时,很可能发生了水污染,应立即停止使用。

(7)有条件的家庭,可以使用净水器,保证生活用水安全。

◆危机应对◆

(1)发现水管爆裂或水龙头漏水跑水,应立即向有关部门报告水管爆裂或水龙头漏水跑水的准确地点,同时设法关闭供水总阀门。发生水管爆裂事故后,应远离事故现场,不要围观,以免影响抢修工作的正常进行。

(2)当河水、饮用水被污染时,应立即停止使用,及时向卫生监督部门或疾病预防控制中心报告情况,并告知居委会、物业部门和周围邻居停止使用。

(3)如果发现饮用水、河水受到污染,允许情况下,用干净的容器留取3~5升水作为样本,提供给卫生防疫部门进行检查鉴定,以便进行处理。

(4)不慎饮用了被污染的水,要密切关注自己的身体有无不适。如果出现异常,应立即到医院就诊。

二、农村家庭食品安全

"瘦肉精"事件尘埃未落,"染色馒头"、"回炉面包"、"牛肉膏"又接踵而来……近期食品安全恶性事件频频出现,监管到底缺失在哪儿?我们还能吃什么?

◆安全知识◆

食物中毒是由于人们吃了被细菌、细菌毒素、毒物等污染或含有毒性物质的食品而引起的急疾患。食物中毒按病原物质分类可分为:

(1)细菌性食物中毒是指人们摄入含有细菌或细菌毒素的食品而引起的食物中毒。食物被细菌污染主要有以下几个原因:禽畜在宰杀前就是病禽、病畜;刀具、砧板及用具不洁,生熟交叉感染;卫生状况差,蚊蝇孳生;食品从业人员带菌污染食物。夏季是细菌性食物中毒的高发季节。

(2)真菌毒素中毒是指真菌在谷物或其他食品中生长繁殖产

生有毒的代谢产物,人和动物食入这种毒性物质发生的中毒。中毒发生主要通过被真菌污染的食品,用一般的烹调方法加热处理不能破坏食品中的真菌毒素。真菌生长繁殖及产生毒素需要一定的温度和湿度。因此,中毒往往有比较明显的季节性和地区性。

(3)动物性食物中毒是指食入动物性中毒食品引起的食物中毒。近年,我国发生的动物性食物中毒主要是河豚中毒,其次是鱼胆中毒(图3-1)。

(河豚)　　　　　　　　(发芽马铃薯)

图3-1　有毒食物

(4)植物性食物中毒主要有3种:将天然含有有毒成分的植物或其加工制品当作食品,如桐油、大麻油等引起的食物中毒;在食品的加工过程中,将未能破坏或除去有毒成分的植物当作食品食用,如木薯、苦杏仁等;在一定条件下,不当食用大量有毒成分的植物性食品,食用鲜黄花菜、发芽马铃薯、未腌制好的咸菜或未烧熟的扁豆等造成中毒。

(5)化学性食物中毒主要包括:误食被有毒害的化学物质污染的食品;因添加非食品级的或伪造的或禁止使用的食品添加剂、营养强化剂的食品,以及超量使用食品添加剂而导致的食物中毒;因贮藏等原因,造成营养素发生化学变化的食品,如油脂酸败造成中毒。

◆**安全预防**◆

为防止食物中毒发生,必须从源头上进行预防。

(1)要从正规渠道购买食用盐、主食原料、水产品、肉类食品等大宗原料;不要购买发芽的土豆与洋葱、有毒蘑菇与鲜黄花菜、变质的水产品与肉类食品、过期的饮料与熟食等。

（2）严格贯彻所有食品烧熟煮透、生熟分开等卫生要求,以免熟食与待加工的生食交叉污染。

①采购的冻品要彻底解冻,坚持做到"完全解冻、立即烹饪"的原则。

②烹饪时要适当增加烹饪加工的时间,保证食品温度达到70℃以上。

③蔬菜在烹饪前必须彻底清洗干净,采用一洗二浸三烫四炒的加工方法;其中扁豆一定要炒熟。

④制作凉菜的3个关键环节:保证切拼前的食品不被污染、切拼过程中严防污染、凉菜加工完毕后须立即食用。

（3）若有少量剩余饭菜须废弃,如想继续使用剩余的饭菜,必须要妥善保存、凉透后放入熟食冰箱冷藏保存,切不可存放在室温下,再次食用剩饭菜前,必须彻底加热,不可直接掺入新鲜的食品中。

（4）生熟食品要分开存放;热菜贮存温度要合适,必须把食品的温度保持在60℃以上。不用饮料瓶盛装化学品;存放化学品的瓶子应有明显标志,并放在隐蔽处。

（5）不吃有毒的蘑菇、发芽的马铃薯（内含龙葵素）、木薯和杏仁（内含氢甙）、有毒鱼类（如河豚、金枪鱼、鲭鱼）和贝类（如贻贝、蛤和扇贝）。尽量少吃白果（内含白果酸）、鲜黄花菜（内含秋水仙碱）、四季豆和生豆浆（含有皂素以及溶血酶）,食用这些食物经过剔除处理和充分加热是可以消除中毒危险的。

（6）洗刷时一定要注意除去食品残渣、油污和其他污染物,洗刷干净后放入消毒柜内消毒或采用蒸汽消毒和紫外线消毒。及时处理垃圾,消除老鼠、苍蝇、蟑螂和其他有害昆虫,保证卫生的重要性。

（7）要加强个人卫生防疫意识,养成良好的个人卫生习惯,是预防食物中毒的最佳方法。因此要做到"六要六不要"：

"六要"：饭前便后要洗手；公用餐具要消毒；自己食品要看好；购买食品要查证；生吃水果要削皮；自己要有自信心。

"六不要"：含毒食品不要吃；腌制食品不多吃；海鱼内脏不要吃；不识食物不要吃；不明食物不要吃；平时摊点销售的饮食不要吃（图3－2）。

图3－2　有毒食品不要吃

（8）外出就餐时，要选择安全、洁净、舒适的地点进餐，选择正规餐馆进餐，不到无证经营或没有经营许可证的餐馆或小摊子上进餐或购买食品。烹调后的食品应在2小时内食用。不喝生水。

◆**危机应对**◆

1. 及时判断中毒类型

抢救食物中毒病人，时间是最宝贵的。从时间上判断，化学性食物中毒和动植物毒素中毒，自进食到发病是以分钟计算的；生物性（细菌、真菌）食物中毒，自进食到发病是以小时计算的。

2. 食物中毒的急救方法

一旦有人出现上吐下泻、腹痛等食物中毒，千万不要惊慌失措，冷静地分析发病的原因，针对引起中毒的食物以及吃下去的时间长短,先采取应急措施,争取救治时间。

(1)催吐。如食物吃下去的时间在 1~2 小时内,可采取催吐的方法。立即取食盐 20 克,加开水 200 毫升,冷却后一次喝下。如不吐,可多喝几次,迅速促进呕吐。亦可用鲜生姜 100 克,捣碎取汁用 200 毫升的温水冲服。如果吃下去的是变质的荤食品,则可服用十滴水来促进迅速呕吐。有的患者还可用筷子、手指或鹅毛等刺激咽喉,引发呕吐(图 3-3)。

(2)导泻。如果病人吃下去中毒的食物时间超过 2 小时,且精神尚好,则可服用泻药,促使中毒食物尽快排出体外。一般用大黄 30 克,一次煎服,老年患者可选用元明粉 20 克,用开水冲服即可缓泻。老年体质较好者,也可采用番泻叶 15 克,一次煎服,或用开水冲服,亦能达到导泻的目的。

(3)解毒。如果是吃了变质的鱼、虾、蟹等引起的食物中毒,可取食醋 100 毫升,加水 200 毫升,稀释后一次服下。此外,还可采用紫苏 30 克、生甘草 10 克一次煎服,若是误食了变质的饮料或防腐剂,最好的急救方法是用鲜牛奶或其他含蛋白质的饮料灌服。

经上述急救,中毒者症状未见好转或中毒症状较重,应尽快送往医院治疗。

图 3-3　食品中毒及时催吐

三、人畜共患病的防治

人畜共患病是一种传统的提法,是指人类与人类蓄养的畜禽之间自然传播的疾病和感染疾病。常见的有非典型性肺炎、禽流感、狂犬病、疯牛病、鼠疫等。

◆**安全知识**◆

人与畜禽共患疾病的传播途径:

(1)通过唾液传播。如患狂犬病的猫、狗,它们的唾液中含有大量的狂犬病病毒,当猫狗咬伤人时,病毒就随唾液进入体内,引发狂犬病。

(2)通过粪便尿液传播。粪便中含有各种病菌这是众所周知的。结核病、布氏杆菌病、沙门氏菌病等的病原体,都可借粪便污染人的食品、饮水和用物而传播。大多数的寄生虫虫卵就存在粪内。钩端螺旋体病的病原是经由尿液传播的。

(3)有病的畜禽在流鼻涕、打喷嚏和咳嗽时,常会带出病毒或病菌,并在空气中形成有传染性的飞沫,散播疾病。

(4)畜禽的全身被毛和皮肤垢屑里,往往含有各种病毒、病菌、疥螨、虱子等,它们有的就是某种疾病的病原体,有的则是疾病的传播媒介。某些宠物爱好者如果不注意个人防范,任意与动物拥抱、亲吻、食同桌、寝同床,是有可能从它们身上染上共患病的。

◆**安全预防**◆

传染病必须同时具备传染源、传播途径和易感人群等3个环节,才能流行传染,因此预防流行性疾病主要针对以上3个环节,采取适当措施。

(1)锻炼身体,增强抵抗力。要养成良好的锻炼身体习惯,可以通过跑步、做操等运动,增强身体素质,增强抵抗流行性疾病的能力。

(2)切断传染途径。主要包括消灭四害(老鼠、臭虫、苍蝇、蚊子)以及蟑螂等有害昆虫;对饮食、水源、粪便加强管理或无害化处理;不食、不加工不清洁的食物,拒绝生吃各种海产品和肉食,不喝生水(图3-4);不随便倒垃圾,不随便堆放垃圾,垃圾要分类并统一销毁。

图3-4　生水易生病

(3)保持室内空气流通。家庭每天要开窗通风3次以上,每次至少10~15分钟;流行病发生期间,避免在商场、影剧院等通风不畅和人员聚集的地方长时间停留。

(4)注意饮食卫生。养成用流动的水勤洗手洗脸、不用他人毛巾擦手擦脸、不用脏手揉眼睛、不随地吐痰、打喷嚏咳嗽捂住口鼻等良好习惯;食用田螺、牡蛎、螃蟹等水产品,必须加工至熟透;生吃瓜果蔬菜要洗净;不吃腐败变质或不洁的食物;注意气温变化而增减衣服,外出时提倡戴口罩,避外感风寒。

(5)远离传染源。不要与肝炎病人、红眼病人、非典型性肺炎病人等共用生活用品(餐具、剃刀、牙具、毛巾等),对其使用过的物品要及时消毒。

(6)及早进行预防。应常备中药板蓝根、贯众、金银花等药,最好在流感季节来临之前提前预防;定期注射或接种狂犬疫苗和抗狂犬病血清、流行性出血热疫苗等。无论何种原因,如身体持续发热,都应及早就医。及时将流行性病人进行隔离;配合流行性疾病调查人员做好相关调查。

◆ **危机应对** ◆

1. **非典型性肺炎**

非典型性肺炎（SARS）主要通过近距离呼吸道飞沫、直接接触病人呼吸道分泌物及密切接触传播。

（1）出现非典型性肺炎症状应及时到医院感染疾病科的发热门诊就医。一旦确诊，需要住院并隔离治疗。

（2）如出现 SARS 疫情，一般人尽可能不去医院。必须去医院看病的，须戴上口罩，回家后洗手、洗脸消毒（图 3－5）。

现在正在发生流行性疾病，最好不要去！

图 3－5　公共场所要预防流行性疾病

（3）避免在商场、影剧院等通风不畅和人员聚集的地方长时间停留。

（4）居室和教室要经常开窗通风，即使在冬季，每天也要开窗通风 3 次以上，每次至少 10～15 分钟。

2. 高致病性禽流感

高致病性禽流感是在禽类之间传播的急性传染性病。在特殊情况下，也会感染人类。

（1）当发生高致病性禽流感疫情后，应尽量避免接触死亡的禽类。处理死亡家禽时，应穿防护衣，戴手套和口罩，事后马上消毒或用肥皂洗手。

（2）接触禽类后，如出现发烧、头痛、发冷、哆嗦、浑身疼痛无力、喉咙痛、咳嗽等症状，且48小时内不退烧者，应马上到医院就诊。

（3）发生禽流感疫情时，应采取强制性防疫措施。

3. 甲型 H1N1 流感

早期症状与普通人流感相似，包括发热、咳嗽、喉痛、身体疼痛、头痛、发冷和疲劳等，有些还会出现腹泻或呕吐、肌肉痛或疲倦、眼睛发红等。

（1）对疑似和确诊患者应进行就地隔离治疗，强调早期治疗。

（2）对人感染甲型 H1N1 流感，目前，主要是综合对症支持治疗。注意休息、多饮水、注意营养，密切观察病情变化；发病初48小时是最佳治疗期，对高热、临床症状明显者，应拍胸片，查血气。

（3）药物治疗。是抗病毒治疗：应及早应用抗病毒药物，可试用奥司他韦（达菲）。如出现细菌感染可使用抗生素。

（4）中医辨证治疗。如症状为：发热、恶寒、咽痛、头痛、肌肉酸痛、咳嗽，可服用莲花清瘟胶囊、银黄类制剂、双黄连口服制剂。如症状为：发热或恶寒，恶心、呕吐、腹痛腹泻、头身、肌肉酸痛，可服用葛根芩连微丸、藿香正气制剂等。如症状为：高热、咳嗽、胸闷憋气、喘促气短、烦躁不安、甚者神昏谵语，可选用安宫牛黄丸以及痰热清、血必净、清开灵、醒脑静注射液等。

4. 狂犬病

狂犬病是一种急性传染病，一旦发病无法救治，病死率达100%。人被带有狂犬病毒的狗、猫咬伤、抓伤后，会引起狂犬病。

(1)被宠物抓伤、咬伤后,应立刻到狂犬病免疫预防门诊接种狂犬病疫苗,第 1 次注射狂犬病疫苗的最佳时间是被咬伤后的 24 小时内,之后,第 3 天、第 7 天、第 14 天和第 28 天再各注射一次。

(2)被宠物咬伤、抓伤后,首先要挤出污血,用 3% ~5% 的肥皂水反复冲洗伤口;然后用清水冲洗干净,冲洗伤口至少要 20 分钟;最后擦浓度 75% 的碘酒,只要未伤及大血管,切记不要包扎伤口。

(3)如果一处或多处皮肤形成穿透性咬伤,伤口被犬的唾液污染,必须立刻注射疫苗和抗狂犬病血清。

(4)将攻击人的宠物暂时单独隔离,立即带到附近的动物医院诊断,并向动物防疫部门报告。

5. 鼠疫

鼠疫杆菌常经呼吸道吸入或经消化道食入,通过黏膜和皮肤接触而感染,不易治愈,死亡率高。

(1)家中或单位发现死老鼠,应立即向所在地区疾病预防控制中心报告。

(2)如人体出现不明原因的高热、淋巴结肿大、疼痛、咳嗽、咳血痰等症状,应立即到医院就诊。一旦确诊,立即将病人隔离。

(3)由专业人员对病人用过、接触过的物品及房间进行消毒。

四、急性传染病的防治

传染病,也称流行性疾病,因为它具有传染性,可蔓延传播,对人群危害很大。众所周知,在世界医学发展的历史上,各种传染病曾经是对人类健康危害最大、造成死亡人数最多的严重疾患。

◆ 安全知识 ◆

参照国际上统一分类标准,结合我国的实际情况,将全国发病率较高、流行面较大、危害严重的 38 种急性和慢性传染病列为法定管理的传染病,并根据其传播方式、速度及其对人类危害程度的不同,分为甲、乙、丙三类,实行分类管理。

(1)甲类传染病,也称为强制管理传染病,包括:鼠疫、霍乱。

(2)乙类传染病,也称为严格管理传染病,包括:传染性非典型肺炎、艾滋病、病毒性肝炎、脊髓灰质炎、人感染高致病性禽流感、麻疹、流行性出血热、狂犬病、流行性乙型脑炎、登革热、炭疽、细菌性和阿米巴性痢疾、肺结核、伤寒和副伤寒、流行性脑脊髓膜炎、百日咳、白喉、新生儿破伤风、猩红热、布鲁氏菌病、淋病、梅毒、钩端螺旋体病、血吸虫病、疟疾、甲型 H1N1 流感。

(3)丙类传染病,也称为监测管理传染病,包括:流行性感冒、流行性腮腺炎、风疹、急性出血性结膜炎、麻风病、流行性和地方性斑疹伤寒、黑热病、包虫病、丝虫病,除霍乱、细菌性和阿米巴性痢疾、伤寒和副伤寒以外的感染性腹泻病。

传染病具有以下特点:一是具有特有病原体,病原体的种类很多,有在电子显微镜下才能看到的病毒,也有体长长的吓人的蛔虫。二是易传染,有传染性很强的,如非典型性肺炎、霍乱等;也有传染性较弱的,如血吸虫病。三是具有流行性,或地方性流行,或季节性流行,也可能暴发大流行。四是具有免疫性,患传染病痊愈后,人体对同一种病不再感染叫做免疫,但对不同的传染病,人体的免疫状态不同。

◆**安全预防**◆

传染病一旦发生后果严重,应以预防为主,根据传染病的不同传播途径采取隔离和消毒措施。

(1)个人预防措施。参见人畜共患病的预防措施。

(2)社会防控措施。一是严格农村疫情报告制度。甲类传染病 12 小时内、乙类传染病 24 小时内,上报卫生防疫部门。二是对病原携带者进行管理和及时治疗。三是对传染病接触者须进行医学观察、集体检疫,必要时采取免疫或药物预防。四是动物传染源应隔离治疗,必要时宰杀并消毒。五是对易感者有计划地进行疫苗、菌苗、类毒素的接种防疫。

◆危机应对◆

1. 流行性感冒

流行性感冒简称流感,发病快,传染性强,发病率高。常采取以下应对措施:

(1)有流感症状时,要注意休息,多喝水,开窗通风。

(2)流感病人应与其他人分餐。

(3)流感病人的擤鼻涕纸和吐痰纸要包好,扔进加盖的垃圾桶中,或直接扔进抽水马桶用水冲走。

(4)流感病人应与他人分室而居。

(5)发生流感时应尽量避免外出活动,不要去商场、影剧院等公共场所,若出门应戴口罩。

(6)重病人应在医院隔离治疗。

2. 病毒性肝炎

病毒性肝炎分为甲、乙、丙、丁、戊5种类型。甲型、戊型肝炎一般通过饮食传播,乙型、丙型、丁型肝炎主要经过血液、母婴和性传播。常采取以下应对措施:

(1)肝炎病人自发病之日起必须进行3周隔离。

(2)肝炎病人用过的餐具要在开水中煮15分钟以上进行消毒。

(3)不要与肝炎病人共用生活用品,用过的或接触过的要及时消毒。

(4)如与肝炎病人共用同一卫生间,要用消毒液或漂白粉对便池消毒。

(5)不要与乙型、丙型、丁型肝炎病人及病毒携带者共用剃刀、牙具等。

3. 红眼病

流行性出血性结膜炎俗称红眼病,是由病毒引起的急性传染性眼炎。

(1)患上红眼病应及时就诊,并告知他人注意预防。

（2）不与红眼病人共用毛巾及脸盆（图3－6）。

（3）红眼病人应尽量不去人群聚集的商场、游泳池、公共浴池、工作单位等公共场所。

（4）可以使用抗病毒的滴眼液滴眼治疗。红眼病人接触过的公共物品，要用含氯消毒剂进行消毒。

（5）当学校等人群聚集的场所发现红眼病患者时，应报告卫生防疫部门。

对不起，毛巾不能公用。

图3－6　注意卫生习惯

4. 痢疾和伤害

痢疾是由痢疾杆菌引起的，一般症状有发烧腹痛、腹泻、大便带脓血、一天十几次大便等。伤寒患者开始感觉疲倦无力，不思饮食，常有肚胀、腹泻或便秘等症状，接着就发高烧，两周左右才逐渐退烧，全身中毒症状相对缓慢，发病的第二周，病人身上会出现一些淡红色疹子，也叫玫瑰疹，脾脏会肿大；病重者还可能有神志不清、烦躁不安、说胡话等症状，后期还可能发生肠出血或肠穿孔症状。

痢疾和伤害的防治主要是切断传播途径，要做到以下几点：

（1）养成饭前便后洗手的良好习惯。水果要洗净、削皮再吃。

食物要煮熟再食,不能蒸煮的凉菜和熟食的菜板与切其他生食品的菜板要分开使用。

(2)不喝生水,不吃被苍蝇或蚊子叮咬或爬过的食物,不吃变质腐败的食物,剩饭剩菜一定要热了再吃,不吃无卫生许可证的街边小贩经营的食品。

(3)家中若有痢疾病人,一定要送医院治疗。对痢疾病人的粪便和呕吐物要严格进行消毒处理,病人用过的餐具、马桶、病人的内衣内裤、被褥也要进行严格的消毒。

(4)加强锻炼,增强体质。平时吃饭时少许吃点大蒜或醋有辅助治疗和预防痢疾的作用。

(5)发现痢疾和伤寒症状一定要尽早就医诊治。

5. 霍乱

霍乱发病急,传播快,死亡率高,多发生在每年的 4～10 月。

(1)出现类似霍乱的症状时,应立即到附近医院的肠道门诊就医。

(2)确诊病人应向医务人员如实提供进餐地点、所用食物和共同进餐的其他人员名单。

(3)确诊病人要在医院接受隔离治疗。

五、农村家庭用药安全

随着生活水平的提高和医药卫生知识的普及,许多农村家庭都备有日常药品,小病小伤自我治疗,既方便及时又经济实惠。

◆**安全知识**◆

常用家庭用药品种主要有:抗菌素,如麦迪霉素、复方新诺明、诺氟沙星、乙酰螺旋霉素、黄连素、克霉唑等。消化不良药,如多酶片、复合维生素 B、吗丁啉等。感冒类药,如感冒清冲剂(冬天)、病毒灵、速效伤风胶囊、康泰克、银翘解毒片(春天发热)、板蓝根冲剂等。解热止痛药,如去痛片、扑热息痛、阿司匹林等。胃肠解痉药,如654-2片、复方颠茄片等。镇咳祛痰平喘药,如咳必清、心嗽平、咳快好、舒喘灵等。抗过敏药,如扑尔敏、赛庚啶、息斯敏等。

通便药,如果导、大黄苏打片、麻仁丸等。镇静催眠药,如安定、苯巴比妥等。解暑药,如人丹、十滴水、藿香正气水等。外用止痛药,如伤湿止痛膏、关节镇痛膏、麝香追风膏、红花油、活络油等。外用消炎消毒药,如酒精、紫药水、红药水、碘酒、高锰酸钾、创可贴等。其他类,风油精、清凉油、季德胜蛇药、84消毒液、消毒药棉、纱布胶布等。

◆**安全预防**◆

(1)各种药品、农药、除草剂、杀虫剂、灭鼠药都有其特殊的用途,绝对不能随便服用和使用。

(2)不用变质、过期的药品。及时淘汰过期、变质药品。过期变质的药不但不能治病,而且会招病。

(3)使用农药、除草剂、灭鼠药、家用杀虫剂时,不能对着人和食品喷洒。

(4)夏天使用杀虫剂,必须收拾好房间的食品、杯子、碗碟等,喷洒药品后要及时离开房间。半小时后要打开窗户通风,等药味散尽再进入房间。

(5)农药、除草剂、灭鼠药、家用杀虫剂一定要单独放置,要远离青少年。要将药箱置于他们不能及手的地方,以免因他们误服而造成危险。

(6)喷洒农药、除草剂、灭鼠药、家用杀虫剂后要及时洗手、洗脸。

◆**危机应对**◆

如果误服了药品,可以采取以下方法进行急救:

(1)要尽早发现吃错药的反常行为,如误服安眠药或镇静剂,会表现出无精打采、昏昏欲睡。一旦发现误服了药物,应该迅速排出,减少吸收,及时解毒,对症治疗。尽快弄清所服药物名称、服药时间和误服的剂量。

（2）如果误服的是一般性药物且剂量不大，如毒副作用很小的普通中成药或维生素等，可让其多饮凉开水，使药物稀释并及时从尿中排出；如果吃下的药物有毒性，或副作用大，则应及时送往医院治疗，切忌延误时间。

（3）如果服药在4～6小时之内，可先在家里立即采用催吐方法，使存留在胃内尚未消化吸收的药物吐出来。方法是：用一根筷子轻轻触碰嗓子后部（咽后壁处），会感到恶心而呕吐。为了更好地催吐，可以让其喝些清水，反复催吐几次，这样可以尽量减少药物的吸收，避免引起药物中毒。

（4）在送往医院急救时，应将错吃的药物或药瓶带上，让医生了解情况，及时采取解毒措施。

六、艾滋病预防与防治

艾滋病的医学全名为"获得性免疫缺陷综合征"（英文缩写AIDS），是由艾滋病病毒（人类免疫缺陷病毒—HIV）引起的一种严重传染病。HIV侵入人体后破坏人体的免疫功能，使人体发生多种难以治愈的感染和肿瘤，最终导致死亡。已感染HIV的人平均经过7～10年的时间才发展为艾滋病人，艾滋病人常出现原因不明的长期低热、体重下降、盗汗、慢性腹泻、咳嗽等症状（图3－7，图3－8，图3－9）。

◆安全知识◆
艾滋病主要通过性接触、血液和母婴3种途径传播。

（1）性接触是艾滋病最主要的传播途径。艾滋病可通过性交的方式在男性之间、男女之间传播。性接触者越多，感染艾滋病的危险越大。共用注射器吸毒是经血液传播艾滋病的重要危险行为。

（2）输入或注射被艾滋病病毒污染的血液或血液制品就会感

染艾滋病。使用被艾滋病病毒污染而又未经消毒的注射器、针灸针或剃须刀等能够侵入人体的器械都可能传播艾滋病。

（3）约1/3的感染了艾滋病病毒的妇女会通过妊娠、分娩和哺乳把艾滋病传染给婴幼儿。目前，已有很好的药物和方法能够有效地阻断艾滋病经孕妇传染给婴儿。怀疑自己有可能感染艾滋病病毒的妇女应在孕前到有条件的医疗机构作艾滋病病毒抗体检查和咨询。怀疑或发现感染艾滋病病毒的孕妇也应到有关医疗机构进行咨询，接受医学指导和阻断治疗。

图3-7 拒绝吸毒 远离艾滋病

（4）与艾滋病病人及艾滋病病毒感染者的日常生活和工作接触不会感染艾滋病。在工作和生活中与艾滋病病人和艾滋病病毒感染者的一般接触，如握手、共同进餐、共用工具和办公用具等不会感染艾滋病。艾滋病不会经马桶坐圈、电话机、餐饮具、卧具、游泳池或公共浴池等公共设施传播。咳嗽、打喷嚏以及蚊虫叮咬不传播艾滋病。

◆安全预防◆

（1）洁身自爱、遵守性道德是预防经性途径传染艾滋病的根本措施。建设精神文明、提倡遵纪守法，树立健康积极的恋爱、婚姻、家庭及性观念，是预防和控制艾滋病、性病传播的治本之路。性自由的生活方式、婚前和婚外性行为是艾滋病、性病得以迅速传播的温床。卖淫、嫖娼等活动是艾滋病、性病传播的重要危险行为。有

我们不能歧视艾滋病人。

图3-8 善待艾滋病人

多个性接触者的人应停止高危行为,以免感染艾滋病或性病而葬送自己的健康和生命。要学会克制性冲动,过早的性关系不仅会损害友情,也会对身心健康产生不良影响。夫妻之间彼此忠诚,可以保护双方免于感染艾滋病和性病。

(2)正确使用避孕套,不仅能避孕,还能减少感染艾滋病、性病的危险。正确使用质量合格的避孕套,不仅可以避孕,还可以有效减少艾滋病、性病的危险。男性感染者将艾滋病传给女性的危险明显高于女性传给男性。妇女有权主动要求对方在性交时使用避孕套。

(3)及早治疗并治愈性病可减少感染艾滋病的危险。如怀疑自己患有性病或生殖器感染,要及时到正规医院或性病防治机构检查、咨询和治疗,还要动员与自己有性接触的人也去接受检查。部分女性感染性病后无明显症状,不易察觉,如有高危行为,应及时去医院检查和治疗。正规医院能提供正规、保密的检查、诊断、治疗和咨询服务。切不可找游医药贩求治,也不要购药自治,以免

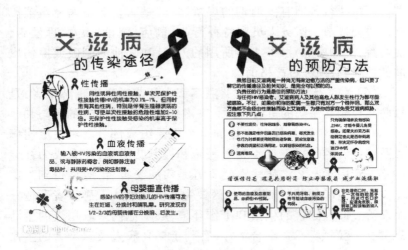

图3-9　及时预防艾滋病

误诊误治,延长病程,增加感染艾滋病的机会。怀疑自己感染了艾滋病病毒时,应尽早到有条件的医疗卫生单位去做艾滋病病毒抗体检查和咨询。

(4)共用注射器吸毒是传播艾滋病的重要途径,因此要拒绝毒品,珍爱生命。远离毒品可以最大限度地避免因吸毒感染艾滋病。与他人共用注射器吸毒的人感染艾滋病的危险性特别大。不共用注射器、使用清洁注射器或消毒过的注射器,可以有效地减少吸毒传播艾滋病的危险。与注射毒品的人性交容易感染艾滋病。

(5)避免不必要的输血和注射,使用经艾滋病病毒抗体检测为阴性的血液和血液制品。依法无偿献血,杜绝贩血卖血,加强血液检测,是保证用血安全的重要措施。对血液制品进行严格的艾滋病病毒抗体检测,确保用血安全,是防止艾滋病经采供血途径传播的关键措施。应尽量避免不必要的输血和注射,使用血浆代用品和自身血液是安全用血的措施之一。必须输血时要使用经过艾滋病病毒抗体检测为阴性的血液和一次性或经过严格消毒的输液器。严格执行各项有关消毒的规章制度,是防止艾滋病经血液传播的重要环节。医务人员和特种行业(酒店、旅馆、澡堂、理发店、美容院、洗脚房等)服务人员所用的刀、针和其他易刺破或擦伤皮肤的器具,必须经过严格消毒。

(6)关心、帮助和不歧视艾滋病病人及艾滋病病毒感染者,是预防与控制艾滋病的重要方面。艾滋病病人及感染者的参与和合作,是艾滋病预防与控制工作的一个重要组成部分。对艾滋病病人及感染者的歧视不仅不利于预防和控制艾滋病,还会成为社会的不安定因素。艾滋病病毒感染者是疾病受害者,应该得到人道主义的同情和帮助。家庭和社区要为艾滋病病人及感染者营造一个友善、理解、健康的生活和工作环境,鼓励他们采取积极的生活态度、改变高危行为、配合治疗,有利于提高病人及感染者的生命质量、延长生命,也有利于艾滋病的预防与控制工作和维护社会安定。

◆危机应对◆

目前还没有能够治愈艾滋病的药物,已经研制出的一些药物只能在某种程度上缓解艾滋病病人的症状和延长患者的生命,其中最为有效的方法,是由美籍华裔科学家何大一于 1996 年提出的"鸡尾酒疗法"。

"鸡尾酒疗法",又称"高效抗逆转录病毒治疗",因其与鸡尾酒配制形式相似而得名。是通过 3 种或 3 种以上的抗病毒药物联合使用来治疗艾滋病,减少单一用药产生的抗药性,最大限度地抑制病毒的复制,使被破坏的机体免疫功能部分甚至全部恢复,从而延缓病程进展,延长患者生命,提高生活质量,能够使艾滋病得到有效控制。据数理模型显示,患者在艾滋病感染初期使用蛋白酶抑制剂,两三年内不会受艾滋病毒侵害。这种"多管齐下"的疗法被认为是迄今为止临床上治疗艾滋病最为有效的一种疗法。但也存在缺点,如无法彻底清除 HIV、有较大毒副作用如恶心、贫血、肾结石等、需长期服药、价格贵、需经常调整药物组合,否则也会产生耐药等。有关专家正在针对这些问题不断研究和改进，在该疗法的基础上提出了不少改良的措施，如间歇疗法等。

积极接受医学指导和治疗，可以帮助艾滋病病人缓解症状、改善生活质量。

第四章 农民财产安全

一、盗窃预防与应对

◆安全知识◆

（1）农村盗窃案件多发的主要原因 一是长期以来农村教育发展滞后，大多数案犯文化素质较低，法律意识淡薄，是非不明，更有无正当职业者，游手好闲。二是现今社会贫富差距拉大，一些人好吃懒做，嫉妒富人。三是人口流动性明显增大，给犯罪分子可乘之机。四是大量农民进城务工，留守儿童缺乏教育和监护，易受社会环境不良因素影响，走上违法犯罪之路。

（2）农村盗窃案件的主要特点 案犯大多文化程度低，作案手段差；流窜作案区域广；作案次数多，所盗物品杂，查证认证难；案发季节性强，一般农闲时、春节前较多。

◆安全预防◆

（1）妥善保管好现金、存折等 现金最好的保管办法是存入银行，尤其是数额较大的要及时存入，绝不能怕麻烦。要就近储蓄，储蓄时加入密码。

（2）保管好贵重物品 贵重物品不用时，不要随便放在桌子上、床上，防止被顺手牵羊或溜门盗走或窗外钓鱼给盗走，要放在抽屉、柜子里，并且锁好。

（3）养成随手关窗锁门的好习惯 外出时，要关好窗、锁好门，包括关好玻璃窗，因为仅仅一层窗纱不足以防盗。只有老人和孩子在家时不要轻易让陌生人进入家门（图4-1）。

（4）不带较多的现金和贵重物品到公共场所，这些场所往往是犯罪分子行窃的地方。

图4-1 不要给陌生人开门

（5）清理房前屋后杂物,使盗贼无处藏身。

（6）邻里之间要相互关照。长期外出打工的要委托亲友和邻居照看孩子和房屋。

◆**危机应对**◆

如果发生财产被盗,农民朋友要做到:

（1）发现家里财物被盗,头脑要冷静,不要急于入室查找自己丢失的物品。首先不要破坏盗窃现场,保护好现场,任何人不要进入现场。其次要马上报告公安机关,要配合警察做好清点物品工作。当警察勘察完现场后,清点物品,计算财产损失金额,辨别哪些物品为盗窃分子遗留物品(图4-2)。

（2）如果发现存折、银行卡失窃,要马上去银行、邮局挂失。

（3）对正在室内作案的盗窃分子,不应径直入室制止,而应迅速到外面喊人,或报告巡逻民警。

（4）如果与盗贼狭路相逢,不妨机智周旋,尽量避免发生正面搏斗。可反锁门,寻求帮助。也可虚张声势,假装有人在一起。

（5）对小偷小摸的盗窃者,在人多的场合,可以高声喝令其停止盗窃,迫使其无法得逞;也可以告诉周围的成年人,共同制止其盗窃行为。

图4-2 遇到盗窃要镇静

（6）夜间遭遇入室盗贼，应沉着应对。如能力许可，可将犯罪嫌疑人制服，或报警求助。千万不能一时冲动，造成不必要的人身伤害。

二、诈骗预防与应对

◆**安全知识**◆

农村发生的诈骗案件的主要形式有：借熟人关系进行诈骗；以中介为名进行诈骗；以遇到某种祸害急需别人帮助的名义进行诈骗；先以小利取信再行诈骗；手机短信骗取银行卡持有人的钱财。诈骗的特点是编造出种种谎言，制造出各种假象，骗取受害人的信任，在受害人同意情况下，将受害人或者受害单位的公私财物非法占为己有。

◆**安全预防**◆

"害人之心不可有，防人之心不可无"，不要以为现在世界都充满了爱，人人都是正人君子。对任何人，特别是陌生人，不可以轻信，也不可以盲目随从。

1. 提高防范意识,防止上当受骗。要做到不贪图便宜,不谋取私利,就会减少或杜绝诈骗发生;在提倡助人为乐、奉献爱心的同时,要提高警惕,不要轻信陌生人的花言巧语;不要把自己的住址、姓名、电话号码等随便告诉陌生人(图4-3)。

我在找人卖产品,报酬优厚。

我是金融投资商我有钱。

姑娘,我的钱包丢了,好几天没吃饭,我不要馒头,只要钱。

图4-3 不要轻信各种谎言

2. 交友要谨慎。交友最基本的原则有两条:一是择其善者而从之,结交朋友应建立在志同道合的基础上,朋友之间是真挚的感情交流而不是简单的利益关系。二是严格做到"四戒":戒交低级下流之辈,戒交挥金如土之流,戒交吃喝嫖赌之徒,戒交游手好闲之人。

3. 加强个人道德修养,增强法治观念,是防止上当受骗的最有效方法。树立高尚的社会主义道德风尚,做到拾金不昧,不参与摸彩、打牌等赌博活动,以免上当受骗;不参加任何形式的封建迷信活动,不买、不看有关宣传封建迷信的书籍和音像制品。

4. 随时保持警惕,学会识别行骗分子。遇到陌生人对你过分热情,你要多问几个为什么;不要存有侥幸、占便宜的心理;遇事要冷静,当有人向你求助,不要轻易与其对话,请他与警察联系。

5. 预防短信骗钱,关键是不要轻信虚假信息,遇事不慌乱。持有银行卡的农民朋友,收到陌生人发来的短信,要保持警惕性,不要轻易相信,必须要核实。核实的办法是打电话到银行进行查询。

◆危机应对◆

1. 发现受骗后,不要怕麻烦、图省事,给骗子有利可图再危害他人,逃避法律制裁。要及时报告公安机关。

2. 报案时要说明以下情况:一是受骗的时间、地点、人数、过程。二是诈骗分子的特征。三是诈骗手法、骗取的财物名称、数量、特征。四是与诈骗分子谈话的内容及其暴露的社会关系。

3. 发现受骗后,要注意保留相关证据,积极协助公安机关破案,最大限度地挽回损失。

三、商业欺诈识别与应对

◆安全知识◆

农村常见的欺诈有假发票、假钞票、伪劣农业生产资料、价格欺诈、合同欺诈等。商业欺诈的主要类型主要有:

1. 虚假广告。商家在各种媒体上发布夸大功效的广告,误导和欺骗消费者。

2. 非法行医。不法分子为谋取利益,如非卫生人员行医,出租、承包医院科室,无证行医,开黑诊所,利用医托欺骗患者,以普通药甚至假药冒充特效药高价销售等。有些不具备资质的"医师"在美容院擅自实施手术,造成多起毁容事故。

3. 商业零售企业的不规范促销行为。如虚构原价,以清仓、拆迁等为由抛售虚假优惠折价商品,进行欺骗性有奖销售,促销不合格商品,掺杂、掺假等。

4. 骗取银行或供应商的货款。

5. 加盟欺诈。通过媒体发布不完整、不规范或故意夸大投资回报的加盟信息,骗取加盟费。

6. 对外贸易中以虚假合同骗取资金,低报、瞒报价格和低于、虚开出口发票等。

7. 对外承包工程、劳务合作与投资中,虚构项目,发布虚假广告和招商信息,无证或超范围经营,签订虚假合同向劳务人员、施工单位和投资者骗取钱财。

8. 网上购物商在客户付款后不发货,或在客户寄款后以各种名义进一步套取钱财。

9. 以短信、邮件通知虚假中奖信息,以邮寄费、代缴所得税等名义骗取钱财。

◆**安全预防**◆

1. 农户购买产品或接受某种服务应理直气壮地索取发票。如经营者以发票用完推托,企图逃避责任和缴税,可改日再购。如必须购买,可让厂商开具可以兑换正式发票的有效证明并确定兑换日期。届时仍不能开出正式发票,可凭借有效证明向有关管理部门举报。农户索取发票要注意以下几点:

(1)看清发票上的日期,防止厂商故意不写或写错以逃避修理、更换和退货等责任。一旦发觉应立即要求其在发票上写明。

(2)如实填写发票金额,商家故意少写是为了逃税,不但对国家有害,用户也会蒙受损失。如需要以机动车抵押贷款或进行资产评估,都需要以发票内的金额为依据。

(3)认真核查发票内容,包括产品名称、型号、规格、单价、数量、付款方式、交易日期、销售单位、付款人、收款人等,正规发票应有税务机关或财政部门的印章,不能以收据或假发票替代。有的厂家故意漏项、不盖销售单位公章或模糊印鉴与字迹,目的是逃避产品"三包"责任、赔偿责任和纳税义务。

2. 识别假币要"一看、二摸、三听、四测"。

(1)看。一看钞票水银是否清晰,有无层次感和主体效果,假币的水银多由线条组成,对于清晰或过于模糊都可能是假币。二看安全线,第五套人民币币面有一条清晰的直线,上面有微缩文字,假币仿制的文字不清晰。三看整张票面图案是否统一,色彩是否鲜艳,对接线是否完整。四看隐形数字,5元以上纸币正面右上角面额数字图案中部有相应的隐形数字,假币一般没有。

(2)摸。第五套人民币5元以上纸币均采用凹版印制,触摸票面盲文点和"中国人民银行"字样及人像凹部均有明显凹凸感。真币纸张发涩,假币纸张平滑。

（3）听。钞票纸张挺括耐折，用手抖动会发现清脆的声音。

（4）测。可用紫光灯检测无色荧光反应，用磁性仪检测磁性印记，用放大镜检测图案印刷接线技术及底纹线条。

不慎收到假币时，不要再用来购物或转手他人。明知假币还要使用是违法行为。发现有人大量携带或使用假币，要向公安机关举报。

3. 识别无效合同。无效合同是指合同虽已订立，但因违反法律、行政法规或违背社会公共利益而被确认为无效的合同。无效合同通常是一方以欺诈或胁迫的手段诱骗或强迫另一方订立，损害对方利益或国家利益；或双方故意串通，损害国家、集体、社会公共利益或第三方利益；或以合法形式掩盖其非法目的。

4. 识别劳务招工欺诈。劳务招工欺诈在春节过后和农忙季节之后最为集中，不法分子通常利用劳动力招聘市场、中介、网络或游说等途径，以收取担保金、中介费、服装费等为由进行诱骗，主要形式有：在街头、公交车站或人流较多的繁华路段张贴招聘启事。群发手机短信，诱使受害者电话联系，以收取报名费、体检费为由诈骗钱财。在招工网站和论坛上发布虚假招工信息，通过电话联系、骗取汇款等手段诈骗钱财。谎称关系广、能力强，以为求职者花钱打点、拉关系找工作为名骗取钱财。冒充正规招聘公司，骗取并签署协议，收取各种名目费用后潜逃（图4-4）。

图4-4　警惕招工陷阱

　　农民进城务工必须提高警惕,选择正规、有资质的中介单位,不要盲目听信别人的花言巧语。要注意招聘地点与环境是否固定,在确认招聘机构的合法性与真实性之前,不要轻易交纳各种费用。

　　5. 不要上传销的当。常见的传销诈骗手段有:一是靠下线入会费用获得。传销组织分为会员、推广员、培训员、代理员和代理商5个等级,等级越高,提取下线入会费的比例越大,实际上是剥削广大会员。二是暴力与精神双重控制,使参与者深陷其中而难以自拔。三是许多传销活动并无真实商品销售,以被骗人数计酬提成。四是利用互联网谎称可获巨额利润进行传销和变相传销。五是以介绍工作和培养组织经营能力为由骗取农民加入传销组织。

　　◆危机应对◆

　　1. 发现上当受骗,要及时向有关部门报案。

　　2. 签订合同时最好咨询懂法律的人,如果签订无效合同,及时向有关部门反应,避免损失。

　　3. 出外务工要到正规职业介绍所求职就业,并签订劳动协议。

　　4. 如果陷入传销陷阱后,应当想方设法尽快脱离陷阱。稳定下来后,要观察自己所处的环境,冷静地分析有没有逃跑的机会。即使暂时没有机会,也要力争想办法把自己的危险处境让人知道。比如:偷偷写字条扔出窗外;或者采用一些违反常态的行为引起他人注意,比如从楼上往下扔东西引起路人关注。如果脱离传销陷阱后,要及时向当地公安机关报警。

四、农村火灾预防与应对

　　◆安全知识◆

　　火灾是农村常见的灾害。农村火灾与城市火灾不同,具有以下特点:一是具有明显的季节性和时间性。北方多发生在冬春季节,南方多发生在秋冬季节;节假日、收获时节也易发生火灾。二是点多面广,扑救难度大。农村居住分散,交通不便,可燃物多,消防设施差,农民消防意识薄弱,因此一旦起火扑救难度大。三是受灾人数多,损失惨重。农村一旦发生火灾,往往房屋、粮食、衣物、柴草焚烧彻底,一时丧失生存条件。

◆**安全预防**◆

1. 改进村庄建筑布局与道路,使消防车能快速进村。修建消防水塔并埋设管道,安装消火栓在房前屋后。

2. 家庭要备好火灾逃生"四件宝":家用灭火器、应急逃生绳、简易防烟面具和手电筒,并将它们放在随手可取的位置,危急时便能派上用场(图4-5)。

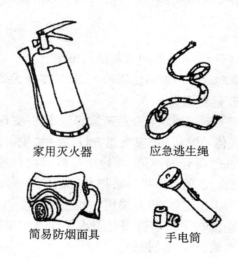

家用灭火器　　　　应急逃生绳

简易防烟面具　　　手电筒

图4-5　防火四件宝

3. 家中无人时,应切断电源、关闭燃气阀门。不要卧床吸烟,乱扔烟头。

4. 千万不要使用汽油、柴油、酒精引火。用火之后一定要完全熄灭,不留下火种。清除炉灰炉渣不要乱到,最好要有固定地方,刮风天更应注意。

5. 烘烤衣服、被褥等要留心看管,与可燃物保持足够距离,不要烘烤时间过长。

6. 使用液化气、天然气做饭、煮汤、烧水等,一定要有人守在炉旁,防止汤水溢出,浇灭火苗,造成煤气泄漏,引起火灾。用完后切记关闭阀门。液化气罐应直立,不能倒放,更不能用开水泡或火烤。

◆危机应对◆

1. 当火灾刚刚发生时,火情一般轻微,应采取以下紧急应对方法:

(1)水是最常用的灭火剂,木头、纸张、棉布等起火,可以直接用水扑灭。

(2)用土、沙子、浸湿的棉被或毛毯等迅速盖在起火处,可有效地灭火。

(3)用扫帚、拖把等扑打,也能扑灭小火。

(4)油类、酒精等起火,不可用水去扑救,可用沙土或浸湿的棉被迅速覆盖。

(5)电器起火,不可用水扑救,也不能用潮湿的物品捂盖。应切断电源,然后再灭火。

2. 发生火灾,要立即拨打 119 火警电话。要说明住户所在区(县)、街巷或乡村。报警时要说明报警人的姓名和所用电话号码,方便消防队在出动之前向报警人询问火势发展情况。

3. 因势选择火场逃生自救方法:

(1)绳索自救法 家中有绳索的,可直接将其一端拴在门、窗或重物上沿另一端爬下。过程中,脚要成绞状夹紧绳子,双手交替往下爬,并尽量采用手套、毛巾将手保护好。有条件的可以使用缓降器逃生(图 4-6)。

(2)匍匐前进法 由于火灾发生时烟气大多聚集在上部空间,

因此,在逃生过程中应尽量将身体贴近地面匍匐或弯腰前进(图4-7)。

(3)毛巾捂鼻法　火灾烟气具有温度高、毒性大的特点,一旦吸入后很容易引起呼吸系统烫伤或中毒,因此疏散中应用湿毛巾捂住口鼻,以起到降温及过滤的作用。

图4-6　绳索自救法

图4-7　匍匐前进法

(4)棉被护身法　用浸泡过的棉被或毛毯、棉大衣盖在身上,确定逃生路线后用最快的速度钻过火场并冲到安全区域(图4-8)。

图 4-8 寻找安全通道

（5）毛毯隔火法 将毛毯等织物钉或夹在门上，并不断往上浇水冷却，以防止外部火焰及烟气侵入，从而达到抑制火势蔓延速度、增加逃生时间的目的。

（6）被单拧结法 把床单、被罩或窗帘等撕成条或拧成麻花状，按绳索逃生的方式沿外墙爬下。

（7）跳楼求生法 火场切勿轻易跳楼！在万不得已的情况下，住在低楼层的居民可采取跳楼的方法进行逃生。但要选择较低的地面作为落脚点，并将席梦思床垫、沙发垫、厚棉被等抛下做缓冲物。

（8）管线下滑法 当建筑物外墙或阳台边上有落水管、电线杆、避雷针引线等竖直管线时，可借助其下滑至地面，同时应注意一次下滑时人数不宜过多，以防止逃生途中因管线损坏而致人坠落。

（9）竹竿插地法 将结实的晾衣竿直接从阳台或窗台斜插到室外地面或下一层平台，两头固定好以后顺杆滑下。

（10）攀爬避火法 通过攀爬阳台、窗口的外沿及建筑周围的脚手架、雨棚等突出物以躲避火势。

（11）楼梯转移法 当火势自下而上迅速蔓延而将楼梯封死时，住在上部楼层的居民可通过老虎窗、天窗等迅速爬到屋顶，转移到另一家或另一单元的楼梯进行疏散。

（12）卫生间避难法　当实在无路可逃时，可利用卫生间进行避难，用毛巾紧塞门缝，把水泼在地上降温，也可躺在放满水的浴缸里躲避。但千万不要钻到床底、阁楼、大橱等处避难，因为这些地方可燃物多，且容易聚集烟气（图4-9）。

出口已经被大火封死了！没办法了！只能进卫生间躲一下了！

Tolet

图4-9　卫生间避难法

（13）火场求救法　发生火灾时，可在窗口、阳台或屋顶处向外大声呼叫、敲击金属物品或投掷软物品，白天应挥动鲜艳布条发出求救信号，晚上可挥动手电筒或白布条引起救援人员的注意。

（14）逆风疏散法　应根据火灾发生时的风向来确定疏散方向，迅速逃到火场上风处躲避火焰和烟气。

（15）"搭桥"逃生法　可在阳台、窗台、屋顶平台处用木板、竹竿等较坚固的物体搭在相邻建筑，以此作为跳板过渡到相对安全的区域。

　　　　火灾紧急疏散逃生自救歌

熟悉环境，记清方位，明确路线，迅速撤离；

通道不堵，出口不封，门不上锁，确保畅通；

听从指挥，不拥不挤，相互照应，有序撤离；

发生意外，呼唤他人，不拖时间，不贪财物；

自我防护，低姿匍匐，湿巾捂鼻，防止毒气；

直奔通道,顺序疏散,不入电梯,以防被关;
保持镇静,就地取材,自制绳索,安全逃生;
烟火封道,关紧门窗,湿布塞封,防烟侵入;
火已烧身,切勿惊跑,就地打滚,压灭火苗;
无法自逃,向外招呼,让人救援,脱离困境。

五、网络信息安全应对

随着电脑在我国的日渐普及,越来越多的农村家庭拥有了电脑。电脑、多媒体、互联网这些新名词开始成为农民热衷的话题,很多人开始有自己的上网账号、电子信箱甚至是个人网页。特别是在网上,可以了解到很多农业新技术、新产品、新信息,可以在网上发布自己农产品销售信息,可以交到各式各样的朋友。网上联络也更为方便快捷,发 E-mail、QQ 聊天等似乎也比现实生活多了一层神秘感。可是我们真的了解网络吗? 你可知精彩的虚拟世界中也会隐含着各种危险(图 4-10)?

图 4-10　警惕黑网吧

◆安全知识◆

1. 不用真实姓名聊天,在网上不轻易告诉他人自己的年龄、家庭住址、家庭电话。

2. 不要登录内容不健康的网站,不要浏览充满色情、暴力、凶杀、赌博等有损身心健康的内容,以免心灵遭受污染;不要沉迷于网络游戏和聊天。

3. 提防刨根问底的网友,特别是喜欢打听自己家庭情况、索要照片的网友。假如对方一直穷追猛打,可以明确地回应:我不喜欢别人大多了解自己的隐私(图4-11)。

4. 要保持正确对待网络的心态,遵守全国网络文明公约。"要善于网上学习,不浏览不良信息;要诚实友好交流,不侮辱欺诈他人;要增强保护意识,不随意约会网友;要维护网络安全,不破坏网络秩序;要有益身心健康,不沉溺虚拟时空。"

图4-11　网络交友要注意

5. 要增强自控能力,上网场所要择优,上网时间要适宜。对网络"虚拟社会"不要过分沉溺,尤其是对"网恋"、"网络同居"、"网婚"等两性互动活动,千万不要过分痴迷而深陷其中。对网上的不良信息或非法信息,要提高识别能力,认清本质,坚决进行抵制。

6. 要加强自我保护,防止遭受非法侵害。对网友的盛情邀请,要保持警觉,尽量回避,以免上当。

◆安全预防◆

1. 想要防止黄赌、邪教等不良网站、信息,可以采取下列做法预防:装一个好的杀毒软件。不要登录黄色网站。装一个防火墙。建议下载安装一个卡卡安全助手或3721等软件。注意安装正版杀毒软件,并且要定时升级。

2. 不要相信天上掉馅饼,虚拟世界也同样,不要轻信那些可疑电子邮件中所许诺的发财机会。享用互联网的便利时,不要忘记互联网同时也会带给你风险。

3. 了解一些网络欺诈惯用的手法,以免上当受骗:网上"小偷"在公共场所,如网吧,偷拍正使用网上银行的用户资料。采用手机短信的诈骗方式,以银行的名义暗示现在发生了一个可能威胁您账户的紧急情况,诱使您提供账号和密码(图4-12)。

图4-12　网络欺诈

4. 网上的交友网站很多,超过一半是很色情的。不要在个人资料和通信过程中泄漏任何真实的私人信息,对那些试图得到你私人信息的人保持警惕。

5. 网上购物一定要多想、多问、多思考,提高警惕意识,小心防范,警惕贸易骗局,增强自我防范意识。要注意其《营业执照》上的营业期限、经营范围等基本情况。

◆**危机应对**◆

1. 如果无意中点击到黄赌类网站的链接,首先是迅速下线,其次将 IE 地址删除掉,否则这些网站下次可能会自动弹出。

2. 自觉控制上网时间,每天不超过 2 小时;上网 1 小时后要休息几分钟,到户外活动活动。

3. 保证正常的学习、生活、交流与体育锻炼,这样便可以远离网络。

4. 如果要进行网上交易,要用户名／密码方式实现身份认证的情况防止网上欺诈。遇有财产损失,及时报警。

5. 网上交友,要时刻保持警惕,不要轻易地信任他人。如果要约会,要选择公共场所约会,并告知他人。控制首次约会的时间,并且一定要坚持自己回家。发现受骗要及时报警(图 4 - 13)。

6. 网上交易发现确实上当受骗后,要及时向工商部门投诉,以尽量减少损失。

图 4 - 13　不要轻易与网友见面

第五章　农民人身安全

一、煤气中毒预防与应对

◆安全知识◆

煤气中毒即一氧化碳中毒,主要是含碳物质燃烧不完全产生的一氧化碳对人体的毒害。日常生活中,煤球炉、火炉烟囱堵塞,倒烟、排烟不良,煤气灶或燃气热水器漏气等均可引起煤气中毒。

煤气轻度中毒者,出现眩晕、头痛、恶心、心悸、呕吐、四肢无力,甚至出现短暂昏厥等症状;中度中毒者除上述症状加重外,出现虚脱或昏迷,皮肤和黏膜呈现樱桃红色;重度中毒者,除上述症状外,还出现深度昏迷,大小便失禁,血压下降,四肢厥冷,呼吸困难,可并发休克、心衰、内脏出血及至死亡。

◆安全预防◆

专家警示:"每年秋末冬初是煤气中毒的高发季节,有意识预防,80%的事故是可以避免的。"

1. 预防煤气中毒,首先应学会正确使用煤气

(1)安装煤气、天然气设施,要邀请专业人员规范安装,不要将燃气管道设备放在密封的地方。

(2)使用煤气、天然气时,应尽可能打开门窗,并开启排气装置。定期检查钢瓶是否过期或皮管是否老化(图5-1)。

(3)离家外出或每天睡觉前,应检查阀门是否关闭,煤气管道是否漏气(图5-2)。

(4)利用天然气热水器洗澡,最好要有他人照看,防止热水器火焰熄灭,造成漏气。热水器不能使用直排式,洗澡时浴室要保持通风,洗澡时间也不宜太长。

图5-1　开窗通风,预防煤气中毒

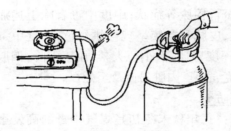

图5-2　避免漏气

　　(5)用煤炉烧饭、做菜、取暖时,一定要把产生的废气通过管道输出室外。

　　2. 经常检查煤气设备,防止漏气

　　(1)检查煤气有无泄漏,安装是否合理,燃气灶具有无故障,使用方法是否正确。

　　(2)冬天取暖方法是否正确,煤气管道是否畅通,室内通风是否良好。

　　(3)尽量不使用煤炉取暖,如果使用,要学会检查烟囱、风斗是否正常。

（4）热水器应与浴室分室而建,并经常检查煤气与热水器连接管线的完好。

（5）进入室内后感到有煤气味,应迅速打开门窗,并检查有无煤气泄漏或者有煤炉在内,切勿点火。

（6）经常擦拭灶具,保证灶具不致造成人体污染,使用煤气开关后,应用肥皂洗手,并用流水冲净。

（7）在厨房内安装排气扇或排油烟机。

（8）一定要使用煤气专用橡胶软管,每半年检查一次管道通路。

◆**危机应对**◆

如果发生煤气中毒,首先将中毒者安全地从中毒环境内抢救出来,迅速转移到清新空气中。

1. **不同类型煤气中毒的急救**

（1）如果是轻度煤气中毒,可立即打开门窗通风,或到室外呼吸新鲜空气,数小时后即可缓解。

（2）如果是中度中毒者,可立即打开门窗,迅速将病人移到空气新鲜处,解开领扣、领带,针刺或以拇指掐人中,刺激其呼吸并做好送往医院的准备。

（3）如果是重度中毒者,要立即拨打 120 电话求救;迅速将病人移到空气流通的地方,先清除口腔、鼻腔的分泌物和呕吐物;解开领扣、领带,放松腰带,让病人仰卧;一手托起下颚,让病人的头尽量后仰,以防舌根下坠堵住咽喉。只要心跳还存在就有救治可能,人工呼吸应坚持 2 小时以上。

2. **家庭煤气中毒的急救**

（1）立即打开门窗通风,尽快将病人移到空气新鲜处,解开衣领、裤带,放低头部,并使其头向后仰,有利于病人呼吸道通畅。

（2）将病人撤离危险区域后,在保持病人呼吸道通畅同时,务必注意身体保暖,防止着凉。

（3）能饮水者,可喝少量的热糖茶水,让其安静休息。

（4）对有自主呼吸者,应给予氧气吸入,有条件时迅速将重症患者移入高压氧舱治疗。

(5)重症患者经通风、给氧后可逐渐缓解症状。如仍有昏迷，应注意保持呼吸道通畅，同时注意用抗生素预防感染。并注意清除口腔、鼻腔的分泌物和呕吐物。

(6)如出现昏睡、昏迷，可用手指按压刺激人中、十宣、涌泉等穴，让病人苏醒。并应迅速送往医院治疗。

二、抢夺抢劫预防与应对

◆ **安全知识** ◆

抢劫和抢夺是危害人身安全的主要形式之一。农村的抢夺抢劫案件作案时间一般为室内无人或行人稀少、夜深人静之时；作案地点大多发生于比较偏僻、明暗、人少的地带；抢劫的主要对象是携带贵重财物的、单人行走的、看电影或晚自习晚归无伴或少伴的、谈恋爱滞留于阴暗无人地带的年轻人；作案人一般为校园附近农村、工厂等单位及本院中不务正业、有劣迹的小青年及进城打工者。这些人一般对农村环境较为熟悉，往往结伙作案，作案时胆大妄为，作案后易于逃匿。

◆ **安全预防** ◆

1. 外出时不要携带过多的现金和贵重物品，特别是必须经过抢劫、抢夺易发生地段，如果因购物需要必须携带大量现金或较多的贵重物品，应请熟人随行。

2. 现金或贵重物品最好贴身携带，不要置于手提包或挎包内。

3. 不在公共场所外露或向人炫耀贵重物品，应将现金、贵重物品藏于隐蔽处。走路时不要听音乐和随身听等。

4. 发现有人尾随或窥视，不要紧张，露出胆怯神态，可以大胆回头多盯对方几眼，或哼首歌曲，或大叫朋友的名字，并改变原定路线，立即向有人、有灯光的地方走去。

5. 不要单独滞留或行走在偏僻、阴暗处。妇女独自外出或回家,穿着不要过于时髦、暴露。

6. 公共汽车上、商场内或排队拥挤时,注意把包放好或放在胸前,防止被盗或被抢。

7. 到银行存取款时最好有人同行;输入密码时,应防止他人窥探;不要随手扔掉填写有误的存、取款单;离开银行时,应警惕是否有可疑人员尾随。

◆危机应对◆

万一遭遇抢劫、抢夺时,应当保持精神上的镇定,根据所处的环境,对比双方的力量,针对不同的情况采取不同的对策。

1. 案发时要在保证自身安全的情况下尽力反抗,分析犯罪分子和自己的力量对比,只要具备反抗的能力或时机,就应发起反抗,以制服或使作案人丧失继续作案的心理和能力。

2. 与作案人尽量纠缠。可利用有利地形和利用身边的砖头、木棒等足以自卫的武器与作案人形成僵持局面,使作案人短时间内无法近身,以便引来援助者并对作案人造成心理上的压力。

3. 实在无法与作案人抗衡时,可以看准时机向有人、有灯光的地方奔跑。

4. 巧妙麻痹作案人。当已处于作案人的控制之下而无法反抗时,可按作案人的需求交出部分财物,并采用语言反抗法,理直气壮地对作案人进行说服教育,晓以利害,从而造成作案人心理上的恐慌。切不可一味地求饶,应当尽力保持镇定,与作案人说笑斗口,采取幽默方式表明自己已交出全部财物并无反抗的意图,使作案人放松警惕,以便自己看准时机进行反抗或逃脱其控制。

5. 采用间接反抗法。是指趁其不注意时在作案人身上留下记号,如在其衣服上擦点泥土、血迹,在其口袋中装点有标记的小物件,在作案人得逞后悄悄尾随其后注意其逃跑去向等。

6. 如果敌强我弱,采取灵活做法,要镇静,注意观察作案人,尽量准确记下其特征,如身高、年龄、体态、发型、衣着、胡须、语言、行为等特征。

7. 及时报案。要在最短时间内向公安机关报案,说明发案时间、地点,犯罪分子特征,自己财物损失情况等(图5-3)。

图5-3 遇到抢劫,及时报案

8. 无论在什么情况下,遇到抢劫时,只要有可能就要大声呼救,或故意高声与作案人说话。犯罪分子逃跑时,应大声呼叫周围的群众,堵截追捕,迫使犯罪分子放弃所抢物品(图5-4)。

图5-4 遇到抢劫,要大声呼救

三、安全用电与触电急救

◆**安全知识**◆

家庭安全用电常识：

1. 每个家庭必须具备一些必要的电工器具，如验电笔、螺丝刀、胶钳等、还必须具备适合家用电器使用的各种规格的保险丝具和保险丝。

2. 任何情况下严禁用铜、铁丝代替保险丝。保险丝的大小一定要与用电容量匹配。更换保险丝时要拔下瓷盒盖更换，不得直接在瓷盒内搭接保险丝，不得在带电情况下（未拉开刀闸）更换保险丝（图5-5）。

图5-5 正确选用熔断丝

3. 购买家用电器时应认真查看产品说明书的技术参数（如频率、电压等）是否符合本地用电要求。要清楚耗电功率多少、家庭已有的供电能力是否满足要求，特别是配线容量、插头、插座、保险丝具、电表是否满足要求。

4. 当家用配电设备不能满足家用电器容量要求时,应予更换改造,严禁凑合使用。否则超负荷运行会损坏电气设备,还可能引起电气火灾。

5. 带有电动机类的家用电器(如电风扇等),还应了解耐热水平,是否长时间连续运行。要注意家用电器的散热条件。

6. 安装家用电器前应查看产品说明书对安装环境的要求,特别注意在可能的条件下,不要把家用电器安装在湿热、灰尘多或有易燃、易爆、腐蚀性气体的环境中。

7. 家用电器与电源连接,必须采用可开断的开关或插接头,禁止将导线直接插入插座孔。

8. 凡要求有保护接地或保安接零的家用电器,都应采用三脚插头和三眼插座,不得用双脚插头和双眼插座代用,造成接地(或接零)线空档。

9. 所有的开关、刀闸、保险盒都必须有盖。胶木盖板老化、残缺不全者必须更换。脏污受潮者必须停电擦抹干净后才能使用。

10. 电源线不要拖放在地面上,以防电源线绊人,并防止损坏绝缘。

11. 家用电器通电后发现冒火花、冒烟或有烧焦味等异常情况时,应立即停机并切断电源,进行检查。

12. 移动家用电器时一定要切断电源,以防触电。

13. 发热电器周围必须远离易燃物料。电炉子、取暖炉、电熨斗等发热电器不得直接搁在木板上,以免引起火灾。

14. 禁止用湿手接触带电的开关;禁止用湿手拔、插电源插头;拔、插电源插头时手指不得接触触头的金属部分;也不能用湿手更换电气元件或灯泡。

15. 对于经常手拿使用的家用电器(如电吹风、电烙铁等),切忌将电线缠绕在手上使用。

16. 对于接触人体的家用电器,如电热毯、电油帽、电热足鞋等,使用前应通电试验检查,确无漏电后才接触人体。

17. 家用电器除电冰箱这类电器外,都要随手关掉电源特别是电热类电器,要防止长时间发热造成火灾。

18. 严禁使用床开关。除电热毯外,不要把带电的电气设备引上床,靠近睡眠的人体。即使使用电热毯,如果没有必要整夜通电保暖,也建议发热后断电使用,以保安全。

19. 家用电器烧焦、冒烟、着火,必须立即断开电源,切不可用水或泡沫灭火器浇喷。

20. 在雨季前或长时间不用又重新使用的家用电器,用 500 伏摇表测量其绝缘电阻应不低于 1 兆欧,方可认为绝缘良好,可正常使用,如无摇表,至少也应用验电笔经常检查有无漏电现象。

21. 对经常使用的家用电器,应保持其干燥和清洁,不要用汽油、酒精、肥皂水、去污粉等带腐蚀或导电的液体擦抹家用电器表面。

22. 家用电器损坏后要请专业人员或送修理店修理;严禁非专业人员在带电情况下打开家用电器外壳。

◆**安全预防**◆

安全用电,给人们带来了方便、安全和幸福;违章用电,则会给人们带来的是痛苦、不幸和损失。

1. 家里不乱拉乱接电线、乱接用电设备,用电设备的金属外应有良好的接地。不能用手指、小刀、钢笔、铁丝、铁钉、别针等触、插、捅室内电线、插座和开关。

2. 晒衣服的铁丝不要靠近电线,以防铁丝与电线相碰。更不要在电线上晒衣服、挂东西。此外,还要防止藤蔓、瓜秧、树木等接触电线。家用电热设备、暖气设备一定要远离煤气罐、煤气管道。

3. 不要玩弄电线、灯头、开关、电动机等电气设备,不要到电动机和变压器附近玩耍,不要爬电杆或摇晃电杆拉线,不要在电线附近放风筝,万一风筝落在电线上,要由电工来处理,不要自己猛拉硬扯,以免电线相碰引起停电和触电事故。不能用石块或弹弓打电线、瓷瓶上的鸟,以防打伤、打断电线或打坏瓷瓶。

4. 要避免在潮湿环境下使用电器,更不能使电器淋湿、受潮。电器长期不用,重新使用前要认真检查后再用。

5. 家用电器用完后,应及时切断电源,拔下插头以防意外。在使用各种家用电器时,如果发现电器有冒烟、冒火花,发出焦糊味等情况,应立即关掉电源开关,停止使用。

6. 安装室内线路或电气设备时,应先拉下进线开关,验明确实无电,如系供电部门停电,应视为随时有来电的可能。定期检查电线、开关、电灯灯口及用电器的插头、引线,若有老化破损,必须及时更换。

7. 发现落地的电线,离开 10 米以外,更不要用手去拾。同时,要设法看护落地电线,并请电工来处理,以防他人走近而发生触电。不接触高于 36 伏的低压带电体,不靠近高压带电体。

8. 遇到雷雨天气,要停止使用电视机,并拔下室外天线插头,防止遭受雷击。室外电闪雷鸣时,不要站在树下,也不要在室内打电话。

9. 遇到有人触电,千万不要自己去救,不能直接接触触电者,应用干燥木棍或其他绝缘物体将电源线挑开,使触电者脱离电源。并赶快拨打 110 或 120 电话来救助(图 5－6)。

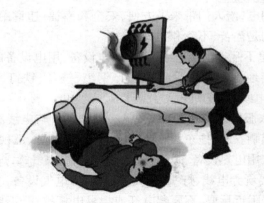

图 5－6 不要直接接触触电者

◆危机应对◆

违章用电容易引起火灾,关于火灾的危机应对前面已经讲述。这里重点就触电事故危机应对进行说明。发生触电时,现场急救具体方法如下:

1.迅速解脱电源。发生触电事故时,切不可惊慌失措,束手无策,首先要马上切断电源,使病人脱离电流损害的状态。使病人脱离电源的方法有很多。

(1)出事附近有电源开关和电源插头时,可立即将闸刀打开,将插头拔掉,以切断电源(图5-7)。

图5-7 立即切断电源

(2)当有电的电线触及人体引起触电,不能采用其他方法脱离电源时,可用绝缘的物体(如木棒、竹竿、手套等)将电线移掉,使病人脱离电源(图5-8)。

图5-8 使触电者脱离带电体

（3）必要时可用绝缘工具（如带有绝缘柄的电工钳、木柄斧头以及锄头等）切断电源。

2. 简单诊断。解脱电源后，判断一下，看看是否"假死"及"假死"的类型。其具体方法如下：将脱离电源后的病人迅速移至比较通风、干燥的地方，使其仰卧，将上衣与裤带放松（图5-9）。

（1）观察一下有否呼吸存在，当有呼吸时，我们可看到胸廓和腹部的肌肉随呼吸上下运动。把手放在鼻孔处，呼吸时可感到气体的流动。相反，无上述现象，则往往是呼吸已停止。

图5-9　解开衣裤

（2）摸一摸颈部的动脉和腹股沟处的股动脉，有没有搏动，因为当有心跳时，一定有脉搏。颈动脉和股动脉都是大动脉，位置表浅，所以很容易感觉到它们的搏动，因此，常常作为是否有心跳的依据。另外，在心前区也可听一听是否有心声，有心声则有心跳。

（3）看一看瞳孔是否扩大。瞳孔扩大说明了大脑组织细胞严重缺氧，人体也就处于"假死"状态。

3. 处理方法。经过简单诊断后的病人，一般可按下述情况分别处理：

（1）病人神志清醒，但感乏力、头昏、心悸、出冷汗，甚至有恶心或呕吐。此类病人应就地安静休息，减轻心脏负担，加快恢复；情况严重时，小心送往医疗部门，请医护人员检查治疗。

（2）病人呼吸、心跳尚在，但神志昏迷。此时应将病人仰卧，周围的空气要流通，并注意保暖。除了要严密地观察外，还要做好人工呼吸和心脏按压的准备工作，并立即通知医疗部门或用担架将病人送往医院。在去医院的途中，要注意观察病人是否突然出现"假死"现象，如有假死，应立即抢救（图5-10）。

图5-10　人工呼吸

（3）如经检查后，病人处于假死状态，则应立即针对不同类型的"假死"进行对症处理。心跳停止的，则用体外人工心脏按压法来维持血液循环；如呼吸停止，则用口对口的人工呼吸法来维持气体交换。呼吸、心跳全部停止时，则需同时进行体外心脏按压法和口对口人工呼吸法，同时向医院告急求救。在抢救过程中，任何时刻抢救工作不能中止，即便在送往医院的途中，也必须继续进行抢救，一定要边救边送，直到心跳、呼吸恢复。

4. 电灼伤的处理。高压触电时（1 000伏以上），两电极间电的温度可高达1 000～4 000℃，接触处可造成十分广泛严重的烧伤，往往深达骨骼，处理较复杂，现场抢救时，要用干净的布或纸类进行包扎，减少污染，有利于今后的治疗。

四、水域安全与溺水急救

◆**安全知识**◆

我们通常所说的水域是指江河湖泊等里面装水的部分。主要有:江河、湖泊、运河、渠道、水库、水塘及其管理范围,不包括海域和在耕地上开挖的鱼塘。水域既是公共资源,又是水环境的载体,不仅具有防洪、排涝、蓄水、供水、灌溉、航运、水产养殖等方面的功能,还具有生态、景观、文化等多方面的功能。

无论是城市建设还是新农村建设,都离不开水域:第一,水域担负着防洪排涝等重要功能,水域的安全关系着我们生命财产的安全。第二,水资源是关系人类生存的一种最基本的自然资源,而水域是水资源的载体,水资源的开发利用、管理保护都离不开水域这一载体。第三,水域的航运灌溉、供水发电、景观旅游、人文滋养等各种功能与人类社会的发展息息相关,上至整个经济社会的发展,下到每个人的衣食住行,水域早已渗透到人们生活的方方面面。第四,水域是生态环境的组成部分,是水生物、陆生物相互依赖的纽带,在提供、维护生物多样性等方面发挥重要作用。

但因多种原因,农村河道淤积、污染、违法填占比较严重,不仅削弱了农村防洪排涝能力,而且制约着农村经济社会发展,甚至影响到广大农民的健康生活。因此,各级水行政部门将农村河道整治工程作为万里清水河道建设的重点内容来抓,着力构建农村水环境保护体系。

◆**安全预防**◆

游泳要注意以下事项:

1. 要了解游泳场所的情况,确认是否安全;要结伴而行,最好有懂水性的人一同前往游泳场所。

2. 入水前做好准备活动,如徒手操、慢跑和模仿游泳动作等练习;活动身体,适应水温,然后再下水游泳。

3. 学习游泳时一定要由浅入深,循序渐进,逐步完成各个环节,从熟悉水性、漂浮、换气、划水,到学会一种泳姿后,再学习其他泳姿。

4. 游泳过程中严禁在水中打闹、嬉戏,防止呛水;若出现身体不适,应立即离开泳池,上岸缓解或接受救护。

5. 一般不要到江河、湖泊、水库、池塘等自然水域里游泳,更不要到禁止游泳的水域游泳,避免发生意外。

6. 游泳时间不宜过长;游泳之后要注意清洁卫生,如有淋浴设备,应将身体冲洗一遍。

7. 一般人最好不易冬季游泳。

◆ **危机应对** ◆

1. 游泳时,如果发生抽筋现象,要及时上岸,并采取以下办法消除:

(1)如果手抽筋,可将手握拳,然后用力张开,迅速反复多做几次,直到抽筋消除为止。

(2)如果小腿或脚趾抽筋,先吸一口气仰浮水上,用抽筋肢体对侧的手握住抽筋的肢体或脚趾,并用力向身体方向拉,同时用同侧的手掌压在抽筋肢体的膝盖上,帮助抽筋腿伸直。

(3)如果大腿抽筋,可采用拉长抽筋肌肉腿的办法解决。

2. 如果是不慎落水,应该怎样进行自我救助呢(图5-11)?

(1)要保持镇静、清醒,坚定获救的信心。无数实例证明,对于求生者来说,意志往往比体力更为重要。

(2)如果你不习水性,在落入水后,千万不要惊慌,不要急于呼救,因为此时最容易呛水,要迅速采取自救措施:头后仰,口向上,尽量使口鼻露出水面,用嘴巴呼吸,不要害怕喝水,灌几口水没有任何生命危险,不能将手上举或挣扎,以免使身体下沉。

(3)及时甩掉鞋子和口袋里的重物,但不要脱掉衣服,因为它会为你产生一定的浮力。

(4)要设法发出声响,或者发出别人容易看到的视觉信号,以便岸上或经过船只发现。

图 5 - 11　溺水救护

（5）如果有人跳水救你，自己要尽量放松，同时要保持冷静。千万不可在别人靠近你时盲目乱动，要配合救人者的引导。否则，会使救人者离你而去，甚至会导致两人同时丧命。

3. 当看到别人落水后，切记：如果你水性不好，不要轻易跳下水去救别人。

（1）你需要做的就是一边大喊请人帮忙，一边迅速利用附近的任何物体，如木棍、竹竿、树杈、绳子进行救助，或者把容易漂浮起来的物品尽量抛给落水者。

（2）发觉溺水者停止呼吸时，应及时进行人工呼吸。

五、妇女儿童拐卖预防与应对

拐卖妇女儿童现象在我国历史上一直存在，特别是贫困地区的灾荒年。拐卖妇女儿童是严重侵犯人权的犯罪行为，是以出卖为目的，拐骗、绑架、收买、贩卖、接送、中转妇女或儿童以及以出卖为目的，偷盗婴幼儿的行为。严重侵犯了妇女儿童的合法权益，使无数家庭遭受痛苦，严重影响了社会的稳定与经济的发展。

◆安全知识◆

1. 经济发展不平衡和贫富差距拉大是拐卖妇女儿童犯罪行为存在的社会经济根源。

（1）有些农村男子因贫困难以承受本地娶妻的高额彩礼和高费用，或因病残娶不到妻，而娶外地贫困地区的女子只需三五千元，这就为不法分子拐卖妇女提供了可乘之机，从而形成廉价的买方市场。

（2）沿海经济发达地区的酒店、发廊等娱乐和服务行业发展迅猛，对女员工的需求量增大。经营者为招到廉价的女工而求助于外地人贩子，以低价收买被拐卖的女青年，诈骗其从事色情服务或劳动强度大的低收入工作。

（3）有些农村青年妇女虚荣心强，追求享受，向往沿海经济发达地区的城市生活，容易受骗上当，往往惨遭人贩子拐卖，甚至被摧残蹂躏。

（4）有些农村家庭没有男孩，犯罪分子利用人们担心无人续香火和养老无依靠的心理，拐卖外地男童，从中牟利。

2. 贫困地区农村惩治不严，打击不力。

（1）妇女儿童的拐出地多为贫困地区，有些贫困地区的公安机关由于警力和经费不足，"打拐"工作时紧时松，使犯罪源头得不到有效控制；有的公安机关则单纯解救被拐妇女儿童，对人贩子打击不力，惩治不严，导致人贩子的犯罪风险不大，且有利可图。因此，犯罪分子往往屡教不改，一经释放就重操旧业，继续作案，形成恶性循环。

（2）拐入地公安机关往往对买方市场打击不力，执法人员面对人财两空、贫困愚昧的买主往往"下不了手"，普遍存在重解救、轻打击的现象，以致买主有恃无恐。取证难也是打击不力的一个原因，拐卖人口没有明显的犯罪现场，人贩子往往跨区流窜作案，买主全家和亲属、邻居往往也协助人贩子藏匿被拐卖的妇女儿童，一旦案发会经常出现人难抓、证难取、案难结、罪难定的情况。

3. 当事人法律意识淡薄。

（1）被拐妇女大多文化素质低，缺乏法律知识和警惕性，识别犯罪能力差，有些被拐妇女甚至是未成年的少女。

（2）买主多是老弱病残的"光棍"或不育的农村家庭妇女，既没文化，又不懂法。他们不认为收买被拐妇女儿童是犯罪行为，认为花钱买老婆是正当交易；收养因超生或生活困难而无法扶养的被拐儿童是做好事、积善德。

（3）一些农村基层干部和群众法制观念淡薄，地方保护主义思想严重，虽然也知道收买妇女儿童违法，但对因贫穷娶不到妻或没有男孩的买主抱有同情之心，目睹违法现象发生却不制止、不报案，有的甚至参与围攻解救民警的行动。有些农村基层干部不定期为人贩子提供方便，为买主提供假证明，包庇买主，助长了犯罪分子的气焰。

4. 农村妇女儿童自我保护意识差。很多女青年之所以上当受骗，除文化程度低、法律意识淡薄和识别能力差外，还与盲从和轻信他人有关。有的犯罪分子利欲熏心，甚至欺骗轻信自己的亲友和邻居。而有些人被拐卖为"人妻"或被迫从事色情活动后，既没有积极反抗，也没有向公安机关报案，而是从被迫转变为屈从，自信命苦，甘于"嫁鸡随鸡，嫁狗随狗"。

幼儿和儿童缺乏自我保护的意识与能力。他们被拐卖大多与家长看管不周有关。有的犯罪分子用糖果或到外地游乐来诱骗无社会经验的儿童跟他们走，离家后再进一步威胁和利诱，迫使儿童就范。人贩子在长途转运被拐婴儿时，怕婴儿啼哭引起旅客警觉，往往会给孩子注射安眠药。

◆ 安全预防 ◆

1. 发展经济，广开妇女就业门路。贫困地区的农村要充分利用国家的扶贫政策和社会各界的支持，发挥本地区人力、地缘和资源的特色优势，发展经济，加快脱贫步伐。国家和地方政府应对贫困地区实行优惠和倾斜政策，扶持贫困地区发展经济，缩小与富裕地区的收入差距,提高妇女的社会地位和经济待遇,提供多种就业门路,使妇女能安心生活,不给人贩子以可乘之机。

农村妇女外出打工一定要通过正规渠道的职业介绍所,最好与本村同伴一起打工,不要轻信他人的诱惑。如果已被人贩子挟持,要冷静周旋,寻找逃脱的机会;如果已被拐卖,要对买主及其周围的人晓之以理,动之以情,博取所在乡村领导与群众的同情和支持,并努力向外界传递求救信号。

2. 加强对留守儿童的监管与保护。留守儿童缺乏父母的管教与监护,往往成为犯罪分子下手的目标。外出打工的农民如家中无老人,一定要把孩子交给可靠的亲友或者寄宿学校监护。家中有老人的,最好请邻居协助,一起照看孩子。上小学的儿童最好有人接送,至少也应与同村的孩子结伴而行。教育孩子放学后不要在路上停留,更不要远离村庄玩耍,遇到陌生人要有所警惕,不要轻易搭陌生人的车。村委会要与学校联合做好留守儿童的教育和监护工作。

3. 健全农村社会保障和社会服务体系。结合社会主义新农村建设,大力倡导移风易俗,通过建立"婚姻介绍所"、"红娘协会"等组织,牵线搭桥,帮助大龄青年解除婚姻问题。针对婚嫁中存在的高额彩礼、大操大办等陈规陋习,可由村集体组织开展婚嫁服务活动,引导群众勤俭办婚事,使农民放弃因彩礼高而想到外地买媳妇的打算。

宣传有关生男生女都有财产继承权和赡养义务的法律法规,从根本上消除农民重男轻女的思想根源,同时逐步建立农村退休金与养老保险制度,打消农民怕没儿子养老送终的顾虑。

4. 加强法制宣传。充分利用各种媒体宣传买卖妇女儿童的违法性,特别是重点抓好农村三类人群的法制教育。增强农村基层干部的法制观念,主动配合公安机关开展打击拐卖妇女儿童违法犯罪行为的工作。加强对青年妇女,特别是贫困地区的妇女的教育,树立"自强、自立、自爱"的人生观,让她们学会一技之长,靠勤劳致富,提高警惕性和识别犯罪行为的能力。加强对大龄未婚男子和残疾未婚男子及其家长的教育,纠正花钱买妻的错误观念和违法行为,自觉抑制买卖婚姻,同时帮助他们解决婚姻上的实际困难。

◆危机应对◆

1. 公安部门要坚持把"打集团、缉要犯、破大案"放在首位,边模查,边打击,边解救(图 5 - 12)。

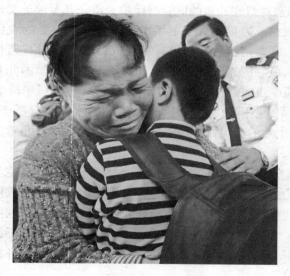

图 5 - 12　警方成功解救儿童

2. 加强对重点村庄和重点地区的管理,特别是对发廊、美容厅、足疗馆等的明察暗访,适时组织清查,及时发现和解救被拐卖和强迫卖淫的妇女。

3. 从清理分析信访部门及外地公安机关转递案件信息资料入手,发现人贩子线索后,要落实专人跟踪追查,不放过任何可疑线索。

4. 对抓捕归案的犯罪分子做好调查取证工作,充分利用现代科技开展网上侦查、网上辨认及网上解救。

第六章 农村交通安全

一、行路安全危机应对

◆**安全知识**◆

每天都要走路,走在繁忙的马路上,怎样才能保证安全?简单讲就是:行人走行人道,过马路走行人横道。

行人行路时要遵循以下原则:一是安全原则,即应当在确保安全、畅通的原则下通行。二是靠右通行原则。三是人车分道、各行其道原则。四是服从指挥原则,即行人要服从交通信号灯、交通标志及交警的指挥。

交警手势信号主要有:一是直行信号:右臂(左臂)向右(左)平伸,手掌向前,准许左右两方向直行的车辆和人员通行;各方向右转弯的车辆在不妨碍被放行的车辆通行情况下可以通行。二是左转弯信号:右臂向前平伸,手掌向前,准许左方的车辆左转弯和直行的车辆通行;左臂同时向右前方摆动时,准许车辆左小转弯;各方向右转弯的车辆和 T 形路口右边无横道的直行车辆在不妨碍被放行的车辆通行情况下可以通行。三是停止信号:左臂向上直伸,手掌向前,不准前方车辆通行;右臂同时向左前方摆动,车辆须靠边停车。

当我们遇到灯光信号、交通标志、交通标线与交警的指挥不一致时,要服从交警的指挥。

◆**安全预防**◆

1. 城市道路行走,须走人行道;在无人行道与机动车辆车道划分的街道或乡镇混合道上行走,应靠右边行走,主动避让各种车辆;群体行进时要列队,横排不超过两人。

2. 行路时要注意各种信号灯的指示,尤其是路口红绿灯、人行横道信号灯和车辆转向灯的变化。要服从交通指挥和管理,不要只顾行路。

3. 横过车行道时,有交通信号灯时自觉按信号灯的指示行进或走人行天桥或地下通道;穿越没有交通信号灯的人行横道,要注意观察过往车辆,特别是右转和左转车辆,不要猛冲或在车流中穿行,再确认安全后快速通过(图6-1)。

4. 在夜间交通信号灯停止使用后,黄灯闪烁,走人行横道一定要左右环顾,注意判断车速,在确认安全的前提下快速通过。

5. 在有隔离栏的路段过马路,要走人行天桥或地下通道,或从有人行横道标志的地方通过,不要穿越、攀登或跨越道路和铁路的隔离设施,也不要从铁路桥梁、隧洞和没有道口或其他平面交叉设施的铁路轨道上通过。

图6-1 横穿马路出车祸

6. 不要在车行道、桥梁、隧道或交通安全设施等处逗留;不要在路上玩耍、抛物、泼水、散发印刷广告或进行妨碍交通的活动。

7. 不要在路上做出扒车、追车、强行拦车或实施妨碍道路交通安全的其他行为。

8. 走路时要专心,注意观察路面状况,车流量、流向和是否有障碍物。不要路途中看书、看报、聊天、嬉戏、打闹；不要在路上踢球、滑旱冰、滑板和做其他运动。

9. 穿越居民区、胡同和从施工的建筑物旁通过，注意观察住户窗户上是否摆放物品和是否有人在活动，建筑物施工场地是否设有安全标志线和安全设施，尽量不要从工地上直接穿过。

10. 雨雪天出行，要注意观察路面和周围环境。特别是路边有高大树木或有供电线路、电缆从空中穿过的区域，路边有变压器、郊区有高压线路的地方。注意是否有潜伏的危险。

11. 夜间外出尽量选择有路灯的道路行走；在没有路灯的情况下最好带照明用具，注意观察路边无盖窨井、停放的车辆是否启动，是否有非机动车往来。特别是混合道上通过，不要匆忙，注意行驶车辆。

12. 通过火车道口时应听从管理人员的指挥，如在无人管理的路口穿过一定要注意观察，在没有火车经过的时候，快速通过，不要在轨道上或在附近逗留、玩耍。

13. 不要在机动车行驶的高架桥上行走，不要横穿高速公路。

◆危机应对◆

1. 若在路途中意识到即将发生交通事故时，应立即做出反应，往路边的方向避让，不要往路中心让，避免发生正面碰撞和防止被其他车辆再次碰撞。

2. 若行人与机动车辆发生事故时，应立即拨打 122 报警，并记下肇事车辆的车牌号等候交通警察来处理；车祸发生后注意检查受伤部位，并采取初步的救护措施，如止血、包扎或固定；不要立即起来，以免因骨折错位，压迫呼吸而加重伤势和发生危险；如果伤势严重，赶快拨打 120 求助。

3. 遇到肇事逃逸者，记下肇事车辆的车牌号；看不清车牌号时，注意车型、颜色、新旧程度，请求旁人帮助并及时报警。

4. 与非机动车发生事故时，双方互相协商，及时检查伤情，不能协商解决的情况下，立即报警。如伤者伤势较重，应求助他人迅速将伤者送附近医院检查救治或拨打 120 求助。

二、乘车安全危机应对

◆安全知识◆

在城市经常可以看到有 3 种红绿灯,分别是交通指挥信号灯、人行横道灯和车道灯等。其作用是用来指挥车辆和行人安全通行的交通指挥信号灯。大学生应该自觉严格遵守信号灯的指示。红灯停,绿灯行,交通安全才有保证。

汽车上装有各种车灯,不同的车灯具有不同的含义。汽车前面有一对大光灯,用于夜间照明前方道路。车前、车后各有两盏小黄灯,称其为转向灯,左转向灯亮表示汽车向左转、驶离停车地点或掉头;右转向灯亮表示汽车向右转或靠边停车。车尾两侧还有两个较大的尾灯,又称制动灯,它亮起时表示制动停车。

◆安全预防◆

1. 乘车购票,须到运输部门指定的客运售票处购买,问明乘车地点按时进站乘车。不要向路边拉客或兜售者购买,特别是节假日人流高峰期,以防票贩子欺诈和骗子的坑害。若是中途搭车须向售票员或司机索要车票。

2. 乘火车和飞机,购票后应注意查看航次(车次)、班机号、日期是否正确,出发时必须提前进站办理相关手续,带好身份证件。特别是飞机,至少提前一个小时办理行李托运和换登机牌,身边只留小件物品,认清候机室(候车厅)按次序等候乘机(上车)。

3. 乘坐公共汽车、电车须在站台或指定地点依次候车,待车停稳后,排队上下车,不可在站台下和越过安全线候车,上车后抓牢扶手或椅背,避免因汽车启动或刹车时的惯性或意外情况发生时带来的伤害。下车后不可从车前穿过,等车开走后,看清左右的情况后再穿越马路。

4. 乘坐出租车在规定的出租车停靠点候车,不设有出租车专用停靠站的城市或地方,选择道路宽阔、视线好的地方候车。不要乘坐无经营许可证,在路边拉客的"黑车"。如乘坐前排副驾驶位要系好安全带,上车后关好门,下车时按计价器所显示的金额付费,注意索要发票,以备物品遗忘时方便寻找。上下车开门时注意后面的行人和非机动车辆,以免发生不测。

5. 乘坐地铁时首先要在地铁站口或售票处查看地铁线路图,弄清楚地铁行进的方向,认清自己所在的位置和准备到达的地点。进入站台站在安全线外候车,不要擅自跳下站台,进入轨道、隧道和其他有警示标志的区域,更不能在非紧急状态下动用紧急或安全装置。车门正在关闭时,不要强行上车,注意随身物品不要接近正在关闭的车门以防关门时受阻而发生意外。上车后抓牢扶手,不要挤靠车门,下车出站认清出口。

6. 乘坐公共交通工具应遵守国家和地方的相关法规和条例,不要携带易燃、易爆、有毒、放射性等危险物品和管制刀具,也不要携带有腐蚀性、有异味的物品及家养宠物;乘车时头、手不要伸出窗外,不要在车内吸烟、吃零食,以免在会车、避让或颠簸时发生意外。也不要往车外吐痰、扔杂物。

7. 乘坐长途汽车上车后将行李物品安置好,以防途中散落伤人。中途停车休息和用餐时关好车窗,记明车牌号,按时上车。如在中途搭车注意车辆停稳再上下车,不要乘坐超载、超员车辆,也不要乘坐人货同载的汽车。

8. 外出乘车注意观察周围乘客群体,切忌露财。旅途中龙蛇混杂,不要亲信他人在车上、路边停靠时购物,或跟随他人出走。不要吃陌生人给你的饮料或其他食物,也不要参与乘客中带赌博性质的游戏,更不要贪财购外币、买古董或宝物谨防受骗。

9. 乘坐火车进入车厢后,安置好行李物品找到自己的位置,不要在车厢内穿行、打闹和长时间滞留在车厢连接处。中途站点停车,下车购物或休息注意关闭车窗,准时上车。了解列车运行时间,注意进站播报,提前准备好自己的行李物品,车停稳后有序下车,不要从车窗跳车。

10. 乘飞机登机后找到座位,将随身物品放在头顶上方的行李柜。有的物品也可以放在座位下面,但注意不要把物品堆放在安全门前或出入通道上。认真听取乘务人员的讲解和安全操作示范,认清安全出口位置记住应急设备的使用方法。系好安全带,听从乘务人员的安排,不在机舱内穿梭,不吸烟,不乱动救生设备;起、降全程关闭手机、手提电脑等电子设备,以免影响飞机电子导航系统而发生事故。

11. 乘船旅行应选择具有营运资格的船务公司的客船、客渡船。不乘坐无牌无证船舶、超载船或人货混装的船舶,不乘坐冒险航行及缺乏救护设施的船舶。上下船服从工作人员指挥,不争不挤,稳步上下船。上船后注意观察救生设备的位置和紧急逃生路径,不在甲板船头打闹,夜间航行不用电筒往外照射,以免引起误会或使驾驶员产生错觉而发生危险。如遇大风、大浪、浓雾等恶劣气候时,尽量避免乘船。

◆危机应对◆

1. 在行车途中意识到车祸即将发生时,双臂夹胸手抱头部并躺下,或抓紧车内拉手或座位铁脚,并双脚用力蹬,以免车祸发生时人翻滚或摔出车外。除非车辆即将冲出悬崖,否则不要从急驶的车辆中跳出,车辆停止移动后,保持镇定,查明身边情况从门窗爬出。

2. 如果汽车落入水中,它不会立即沉没,但水的压力会使车门很难打开,此时不要惊慌,看好逃生路径,深呼吸憋足气猛力推开车门或击碎车窗玻璃,设法在车辆沉没前逃离。

3. 在旅途中,如果乘坐的车辆起火,不要惊慌叫嚷和乱窜,以免有毒气体进入体内和相互踩踏。用衣服蒙住鼻孔,打开车窗跳出逃生。如身上起火又无水源的情况下用衣服拍打或就地滚,以隔离空气迅速灭火。

4. 地铁中发生火灾时,不要乱跑,在浓烟中视线不清易发生相互踩踏,注意观察火源,从相反的方向寻找最近的出口逃离,用衣服、毛巾等捂住鼻孔,低头弯腰前行,尽量减少有毒气体进入体内而造成窒息、昏厥的危险。

5. 乘船航行中,如果所乘的船只发生意外事故,不要慌张,按船员的要求穿好救生衣,也不要乱跑,以免影响客船的平衡。听从船员指挥依次离船,如紧急情况下须弃船逃离时,系紧救生衣,迎风跳离,双臂交叉于胸前,按住救生衣,身体垂直入水。

6. 乘飞机飞行途中,如果飞机遭遇故障或紧急迫降时,应遵循乘务员的指挥,系紧安全带双手抱头,下颌贴紧胸部,或与邻座相互依靠抓紧,以防撞击。飞机停稳时,按乘务员的要求从紧急通道迅速逃离。

7. 在车、船、地铁、飞机任何一种交通工具发生事故时,保持冷静的头脑,对事态发展作出正确判断是提高生存能力的前提,日常生活中的积累与安全防范、危机意识的养成可帮助你在危难时刻安全逃生。

8. 当事故发生逃离危险区域时,尽快拨打求救电话122、110、120、999或你所熟知的一切电话(海上救援电话12395),将事故信息发出让人知晓事故发生,尽快得到救援。在没有电话或无信号的区域,通过呼救、点燃火堆、用衣物或其他东西标记,引起过往车辆、船只、行人的注意,通过他人传递救援信号。

三、驾车安全危机应对

◆安全知识◆

我国《道路交通安全法》规定:未满18岁的未成年人不得驾驶摩托车,不得在非机动车上加装机动装置。未满16周岁的未成年人不得在道路上驾驶电动车和残疾人机动轮椅车。

自行车、电动车、残疾人机动轮椅车、摩托车等载物高度从地面起不得超过1.5米,宽度左右不得超出车把15厘米,长度前端不得超过前轮,后端不得超过车身30厘米。

◆**安全预防**◆

1. 非机动车

(1)骑自行车或电动车须走非机动车道,不能因车流量少而驶入机动车道,也不可驶入人行道;自觉按交通指示灯或交通警察的指挥行进,在没有交通指示灯的路口,提前观察左右车辆情况,在确认安全的情况下迅速通过。

(2)骑自行车或电动车,在交叉路口右转时慢行,特别是没有交通信号灯或无右转信号灯的路口,行经人行横道,主动避让行人。

(3)在没有划分机动车道与非机动车道的道路上,骑自行车或电动车靠道路右侧 1/4 的道路内行驶;注意前后车的距离和行人,不要在拥挤的市区道路上高速穿行。

(4)无论在市区、郊外骑车,不要双手离开车把或双脚离开踏板(图 6 - 2),不要在路上追逐或搂扶并行;不要在骑车时打手机、戴耳机听音乐(图 6 - 3),不要带人;在雨雪天或烈日下,不要打伞骑车,湿滑和危险路段,进出大门下车推行。

危险,请遵守交通秩序。

图 6 - 2　不骑英雄车

图6-3 骑车要专心

(5)不要贪图便宜买黑车、脏车;平时注意保养,出门时检查车胎、车闸、电瓶。借用他人的自行车或电动车外出时,先检查车辆状况,熟悉该车特点。路途中遇到车闸失效时下车推行,不影响其他车辆行驶。

2. 机动车

(1)严格按照驾驶证载明的准驾车型驾驶车辆,出门时检查是否带齐驾驶证、行车证、养路费证、保险卡等相关证件,不能无证驾车。同时检查车辆状况,轮胎、仪表是否正常,倒车镜、后视镜位置是否恰当,底盘是否有漏油的情况等。

(2)上车后系好安全带,关好车门、车厢。骑摩托车者(搭乘者)戴好安全头盔,搭乘者(二轮摩托)在驾驶者正后骑坐,双脚放在踏板上。

(3)起步和停车前,左右环顾,注意其他车辆和行人,查明情况确认安全。不在人行道、车行道和妨碍交通的地方停车。不在消防通道和消防栓旁停车。

(4)驾车时不要吸烟、手持及接拨电话,不和同乘者聊天、打闹,不穿拖鞋或高跟鞋。身体不适或服用催眠、解痉镇痛、抗过敏、抗感冒、驱虫药等药物后不要驾车。更不要酒后驾车。

(5)到租车行租用汽车,应选择较正规、信誉较好的租车行,最好请有经验的人陪同,检查车辆状况。借用他人车辆,特别是自己不熟悉的车型,事先要详细了解各系统功能和设置,慢速行驶,熟悉车况和操控系统使用。

（6）驾驶摩托车或新手驾车在最右侧机动车道行驶,保持一定的跟车距离。不要占道行驶和骑线行驶,不要频繁变道。转弯、变道、超车、掉头、靠路边停车时,提前100米开启转向灯,注意其他车辆,确认安全。

（7）遇到交通堵塞或停车排队等候、车行缓慢时,依次跟车,不要强超、强行插队或借非机动车道、人行道行驶。

（8）通过环形路口,准备进入车道时,让已在路内的车辆先行;出路口时,提前驶入路口最右侧的车道,变道时注意观察周围车辆,确保安全。

（9）公路、城市道路行驶,注意交通标志,车速保持在限速范围内。特别是驾车外出旅游,路况不清的情况下,务必谨慎行驶。

（10）在高速公路入口和出口的匝道上减速慢行,不要在公路匝道与主路相接处停车休息或等候。如因疏忽或忘记出口,不要在高速公路上和匝道上倒车或逆行,不要疲劳驾车。

（11）雨雪天驾车低速慢行,保持足够的安全距离,尽量使用低速挡,时速不要超过40千米。雪地驾车更要慢,轻踩刹车,轻转方向。如遇积水,注意观察积水的深度,确认安全低速通过。

（12）交通事故的发生,大多与司机不遵守交通法规和安全意识淡薄有关。熟悉和掌握交通法规,注意积累经验和虚心请教,遵章守法,礼貌谦让,是确保安全的前提。

◆危机应对◆

1. 当你骑车或驾驶机动车辆肇事时千万别有侥幸心理而逃逸,无论你有理还是无理都要克制自己的情绪,不要发生正面冲突,也不要惊慌失措,保护好现场。

2. 夜晚外出遇人群或骑车者在你的车前突然倒下,别急着下车查看究竟,警惕抢劫和讹诈。

3. 路遇剐蹭,下车查看,保持平和心态,双方协商后将车移至路边,不要影响交通。

4. 路途中发生车辆故障,将车移至路边,开启警示灯。如在公路上前后须设警示标志,特别是在高速公路上,必须保证100米以上的安全距离。

5. 在泥泞的路上打滑无法前进时先倒车后前进,或从附近找石块、树枝等铺垫。

6. 车祸发生后,如果出现漏油的情况或起火,应迅速撤离现场,以防爆炸造成伤亡。

7. 当你肇事时,即使事态不严重,双方都愿意协商调解,也必须立即报警,并在交警监督下当事人双方签字认可。

8. 如果肇事时有人员受伤,除了保护好现场外,应求助他人尽快将伤者送入医院救治或拨打120或999求救,同时拨打122报警。

9. 在高速公路上发生车辆故障无法行驶时,将车移至高速公路边的紧急停车带,并采取安全措施,同时拨打999求助。

四、户外旅游危机应对

◆安全知识◆

旅游途中常见的十大骗术:

1. 最常见的大概要算是吉卜赛的"专业扒手",严格说来也不算是骗,应说是手法高明快速的"偷":妇女抱着小孩或几个小孩子一组,绕着待宰肥羊团团转几圈,或是拿着报纸靠近你,几秒钟就能顺利得手了。

2. 在人群中故意散落满地铜板,当有人目光被吸引,甚至好心蹲下去帮忙捡拾,这时候旁边早已虎视眈眈的"第三只手"就会乘虚而入了。

3. 公园里,慈祥的老先生发现你背后衣服脏了,好心告诉你还帮忙清理。等到闲话家常完、衣服也清理干净后,口袋里的钱和皮包当然也不翼而飞了。

4. 快餐店的邻桌客人故意把人民币丢在地上,然后告诉你:"是你的钱掉了吗"？等你低头捡起来时,邻桌客人已经和你桌上(或椅上)的背包一起消失无踪了。

5. 几个假观光客拿着地图找真观光客问路并一起研究行程,经过讨论后称谢离去,其实趁机洗劫了真观光客的背包。

6. 歹徒假扮警察在路上检查游客的护照,还要求检查携带的外币是否为假钞。被带回假警局(或带进暗巷)的无辜游客,不是真钞被掉包,就是所有的钱全被当成"假美金"没收了。

7. 遇到愿意充当导游的热心人,介绍许多景点、交通、食宿资料取得观光客信任后,再介绍令人心动的黑市汇率,换完钱就发现换来的钱不是少了许多,就是全是假钞。

8. 在"兑换处"换钱也不见得百分之百安全,有时遇上牌告汇率和实际兑换时不同,换完询问才知道牌告汇率是一次兑换 500 美元以上的优惠,这时想不换也来不及了。

9. 在币值比较小的国家旅行,面额很大的钞票(动辄上万元甚至百万元一张)常让人算不清楚,尤其拿大面额钞票买便宜小东西时,一不小心花了眼睛,本来该找回 99 万元却只拿到 99 000 元。

10. 无论是真艳遇或是假艳遇,在旅途中都同样是高风险的事。提防有心的骗徒摇身一变为浪漫的异国情人,一夜风流或俪影成双几天之后人财两失。

◆安全预防◆

1. 外出旅游及参加营地活动前要做好充分的准备。

(1)应准备的物品有:帽子、水壶、雨具;治疗肠胃、感冒的药品和治疗外伤的药(如创可贴、碘酒等);降暑、防晕车的药品;卫生纸、干净清洁的小食品。

(2)如果参加营地活动要住在外面,还应准备指甲剪、小刀、手电筒、电池、塑料袋、一些结实的绳带等。

(3)尽量穿宽松吸汗的衣服,尽量不要穿裙子或短裤;准备一些早晚添加的衣服,穿厚棉袜和旅游鞋。

(4)全体人员应该有醒目的统一标识,如穿统一外装或戴统一的帽子。

(5)要牢记报警电话(110、119、120、122)、父母或亲人的电话、老师和同学的电话。要熟记导游的手机号码,也可将自己的手机号码留给导游,以便走丢或紧急情况联系。

2. 旅行或参加营地活动要有计划性,出发前要对目的地情况有所了解。最简单的方法是开口询问,如果周围的人不清楚情况,可上网查询。不要到未开发景区、疫区、震区、洪区等地方去旅行;要明确旅行的目的和行动计划,以及每日行程的目的地,到达之后的行动,以保证旅行安全、顺利地进行。

3. 外出旅行或参加营地活动最好以组团方式,由正规旅行社导游带领;发生问题可以由导游与当地旅游部门联系解决;外出旅游要和旅行社签订合同,保障个人权利。

4. 乘车、船、飞机出发,一定要准时,有秩序排队乘坐,不争抢座位,不能超员。坐好后要系好安全带,不与司机交谈,不要把头、手伸出窗外,不向外抛掷物品。要了解并遵守乘车、乘船等交通安全规则。

5. 旅游或营地活动中要听从导游指挥,严格遵守纪律,互相帮助,任何时候都不要离队单独行动。因上厕所或其他事要暂时离开,必须向导游请假,并结伴而行。

6. 旅游或营地活动中要记住集体居住或集合的地点、所乘车辆的车牌号码或车次。万一迷路走失,要及时与导游联系,或找警察帮忙。

7. 在山林草丛中要注意防火,不能随意点火或野炊。允许野炊的地方要做好防火准备,野炊结束后要用水或土彻底熄灭余火,确保余灰不能复燃再离开(图6-4)。

8. 旅游或营地活动中注意饮食卫生,最好到旅行社指定的餐馆就餐;一些当地小吃,不要随便食用,可请导游带领到卫生条件较好的餐馆品尝。

9. 夜间不要外出;不去情况不明的地方探险,不在危险的地方照相;水情不明时不要趟水或到水里游泳;不要在空旷的野外、大树下、电线杆下、高楼顶等地方避雷雨;遇雷雨时要将手中的金属物品尽快抛到远处。

图6-4 森林禁止吸烟

10. 游览过程中要爱护景区设施设备,不破坏公物,不在树干、石壁、墙壁等地方乱涂乱画;废弃的物品要收集起来放入垃圾箱。

11. 要了解旅行地的风土人情;到少数民族地区要尊重民族风俗,以及语言、行为、购物、饮食等方面的忌讳,以免发生不必要的问题与麻烦。

12. 从事旅游登山时,必须具备体力、装备、知识三大要素,同时要有组织、有准备地进行。应注意以下几点:

(1)出行前规划好登山线路,要充分了解交通情况,进入山区要注意塌方落石与路基塌陷。

(2)要了解自己身体状况,随身携带药物;若有高山反应或身体不适者,勿勉强登山。

(3)要选择合适的登山服装,尽量轻装上山,少带杂物,以减轻负荷;要穿旅游鞋和布鞋,勿穿高跟鞋;要做好相互联系以及与外界联系的通信工具;如借助拐杖,要注意选择长短、轻重合适与结实的拐杖。

(4)进入山区后要注意天气变化,遇雨时不要用雨伞最好用雨披,避免雷电并防止山上风大连人带伞给兜跑。

(5)要做到观景不走路,走路不观景;照相时要选择能保障安全地点和角度,尤其要注意岩石有无风化。

(6)登山队伍要保持前后呼应;迷路时应折回原路,或寻找避难处救援。

(7)上山后注意林区防火,沿途不要吸烟;要爱护自然环境,不破坏景观资源,不随意丢弃垃圾。

◆危机应对◆

1. 在野外迷失方向时,如带有手机,及时拨打电话求救;因集体行动,当你发现与队伍走散时其他人也不会走得太远,高声呼叫可引起同伴的注意;如走得太远无法联系,电话也无信号时,选择较开阔的地方生火,发出求救信号,但应注意不要引起山林起火。

还可采用以下方法辨别方向:可以找到一棵树桩观察,年轮宽面是南方;还是找一颗树,其南侧的枝叶茂盛而北侧的则稀疏;观察蚂蚁的洞穴,洞口大都是朝南的;在岩石众多的地方,你也可以找一块醒目的岩石来观察,岩石上布满青苔的一面是北侧,干燥光秃的一面为南侧;还可以利用手表来辨识方向:你所处的时间除以2,再把所得的商数对准太阳,表盘上12所指的方向就是北方。

2. 在野外如被毒蛇咬伤,患者会出现出血、局部红肿和疼痛等症状,严重时几小时内就会死亡。这时要迅速用布条、手帕、领带等将伤口上部扎紧,以防止蛇毒扩散,然后用消过毒的刀在伤口处划开一个长1厘米、深0.5厘米左右的刀口,用嘴将毒液吸出。如口腔黏膜没有损伤,其消化液可起到中和作用,所以不必担心中毒。

3. 在野外被蚊虫叮咬时,不要抓痒,用肥皂清洗干净后再擦点清凉油或风油精等;或用冰或凉水冷敷后在伤口处涂抹氨水。如在水中被蚂蟥叮咬,不要用手去拉,以防吸盘留在伤口内感染,可采取拍打的方式使其掉落,用盐水清洗伤口或酒精消毒。如果被蜜蜂蜇了,用镊子等将刺拔出后再涂抹氨水或牛奶。

4. 在山中惊扰胡蜂、大胡蜂不能猛跑或拍打,以免遭到蜂群攻击发生危险。立即蹲下或就地滚开,以衣服保护头部,不要使周围树叶发生震动;如被蜂蜇,用食醋洗敷被蜇处,用指甲或夹子将蜂刺拔除,服用一些抗组胺药物,也可用紫花地丁、半边莲、七叶一枝花、蒲公英捣碎涂擦等。

5. 旅行时发生骨折或脱臼时,用夹板固定后再用冰冷敷。从大树或岩石上摔下来伤到脊椎时,将患者放在平坦而坚固的担架上固定,不让身子晃动,然后送往医院。

6. 野外备餐时如被刀等利器割伤,可用干净水冲洗,然后用手巾等包住。轻微出血可采用压迫止血法,1 小时过后每隔 10 分钟左右要松开一下,以保障血液循环。

7. 旅行时吃了腐败变质的食物,除会腹痛、腹泻外,还伴有发烧和衰弱等症状,应多喝些饮料或盐水,也可采取催吐的方法将食物吐出来。

第七章　远离毒品、邪教与谣言

一、远离毒品莫吸毒

毒品大致分为两大类：一类是植物性天然毒品，主要包括鸦片、大麻、可卡因及其衍生物；另一类是人工合成的化学毒品，主要有：安非他明、甲基安非他明、基环利定、麦角副酸二乙基酰胺。同植物性天然毒品一样，人工合成化学毒品也严重危害人类的生命和健康，给社会造成动荡不安和经济损失（图7-1）。

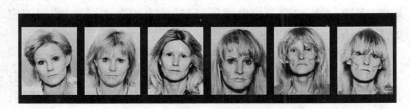

图7-1　不要让毒贩改变你的脸

◆**安全知识**◆

人海茫茫，怎样去识别吸毒的人呢？经验告诉我们，根据吸毒者的外在形象及内在的心理，一般可从以下几个方面去注意识别：

1. 思想颓废，纪律涣散，工作马虎，四体不勤；行为诡秘，习惯撒谎，总想掩饰自己的缺点或错误，生怕引起别人的注意。

2. 对国家大事漠不关心，对自己的前途感到渺茫。衣着邋遢，不拘小节，行为放纵，对任何事都不负责任。

3. 不讲人格，不知廉耻，讲话粗鲁，随心所欲。待人接物不讲文明礼貌。即使是以前的好朋友也常视而不见，感情麻木。精神恍惚无常，生活无规律，该睡时不睡，昼夜颠倒。有时喜欢胡思乱想,精神不集中,有时又得意忘形,想入非非。常见独自低头,若有所思。

4. 食欲减弱,身体逐渐消瘦,脸色发黄,双眼无神,体力下降,皮肤干燥无泽,身体常发痒。注射毒品者,即使在炎热的夏天,也常穿长袖长裤,生怕露出布满针眼的胳膊和小腿。

5. 经常花言巧语或软硬兼施向父母要钱,死皮赖脸地向亲朋好友借钱,但借钱不还。

6. 在其居住的卧室,隐藏有被烧的香烟锡箔纸和吸管,或者是注射过毒品的注射器和针头。

7. 吸毒者的人格心理往往是扭曲、变态的,主要表现有:缺乏自信心、自尊心。常常自我蔑视,自我嘲笑,自暴自弃。情绪忧郁,喜怒无常。有时狂妄自负,有时恐慌不安,谎话连篇。对外界刺激敏感,多疑,心胸狭窄。愤世嫉俗,轻视他人的合法权益,藐视国家的法律、法规等。

◆安全预防◆

1. 社会预防。建立"五个机制",即:全社会的心理预防机制;高危人群和重点环境的专门预防机制;吸毒人员的帮戒挽救机制;高效、严厉的打击毒品犯罪的特殊打防机制;禁毒综合治理的统筹协作机制(图7-2)。

2. 家庭预防。要增强家庭反毒、防毒的社会责任感;家庭要采取防范措施,达到保护其成员不受毒品侵蚀的目的;只要家庭成员具有整体意识,对亲人怀有浓浓的亲情,就能及时发现和洞察其成员的吸毒苗头,并给予坚决制止。

3. 学校预防。农村学校要把"禁毒教育"作为学生德育教育的重要内容常抓不懈,警钟长鸣,使学生时时处处自觉地加以防范。学校要高度注意对"差生"和特殊学生重点教育。学校要进一步建立良好的校纪、校风,使学生在优良传统、优良秩序、优美环境、优质教育中健康成长。

4. 个人预防。沾染毒品的诱因很多,预防吸毒的措施也很多,

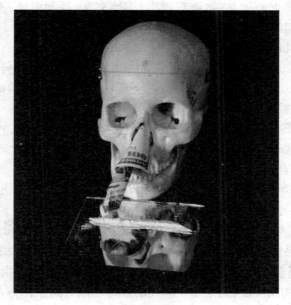

图7-2 吸毒危害大

但归根结底,预防吸毒的关键还在于自己。

(1)"门户关得紧,苍蝇飞不进" 只有从我做起,从现在做起,自律自爱,珍惜生命,远离毒品,才能够切实保护自己、不被毒品所害。

(2)个人预防吸毒,主要是不断提高自身的综合素质和能力,构筑起抵御毒品侵袭的铜墙铁壁。

(3)做到10个"千万不要" 千万不要因盲目猎奇而吸毒;千万不要因寻求刺激而吸毒;千万不要因贪图享受而吸毒;千万不要因消愁解闷而吸毒;千万不要轻信吸毒者的谎言;千万不要听信吸毒能治病的谬论;千万不要在吸毒场所多停留1秒钟;千万不要接受涉毒人员馈赠的食品(包括香烟);千万不要结交有吸毒行为的人;千万不要与贩毒人员有任何牵连。

(4)做好8个方面的内容 树立真正的人生观;认清毒品的危

害;从远离烟酒做起;增强自制力;谨慎交友;抵制引诱;不盲目赶时髦;合理用药。

◆**危机应对**◆

1. 要正确对待吸毒者,既不要把吸毒者看作是犯罪分子,不要歧视他们;又要区别于一般病人,要严格管理,依法科学戒毒。要加强强制戒毒所与家庭、学校和社区的配合。

2. 加强禁毒的教育。应采取多种多样的教育形式,可以利用广播、电视、电影、书刊、画报、演出、展览等形式,进行生动具体的宣传和教育,在青少年身上树立牢固的反毒、拒毒意识。对吸毒者应帮助其矫正或强制戒毒。在禁毒斗争中,预防比矫正更为重要。而禁毒教育,是预防和减少吸毒行为的根本基础。

3. 注意早期发现。对吸毒行为的早期发现,是十分重要的。发现早,易矫正。家庭和社会等方面应特别注意吸毒行为的迹象。

4. 根据吸毒行为的不同程度,分别予以有针对性的指导。

(1)初期阶段,是指出于单纯的好奇心刚开始服用毒品。最好的办法是能转移少年的注意力,让他们受新的富有性趣的有益活动的吸引。

(2)中期阶段,指数次服用毒品,有沾上吸毒行为还往往沾上盗窃等不良行为。这种情形单靠家庭力量已不能解决问题,还应与公安部门等有关单位联系,以便采取强而有力的措施。

(3)后期阶段,指养成习惯,不能自拔,致使身心都有障碍。这种情况除应与有关部门配合共同采取措施外,还必须请精神病医生加入,补以医药措施。

5. 采取合理的治疗方法。

(1)自然戒断法,又称冷火鸡法或干戒法。是指强制中断吸毒者的毒品供给,仅提供饮食与一般性照顾,使其戒断症状自然消退而达到脱毒目的的一种戒毒方法。

(2)药物戒断法,又称药物脱毒治疗。是指给吸毒者服用戒断药物,以替代、递减的方法,减缓、减轻吸毒者戒断症状的痛苦,逐渐达到脱毒的戒毒方法。

（3）非药物戒断法。是指采用针灸、理疗仪等，减轻吸毒者戒断症状反应的一种戒毒方法。

二、相信科学反邪教

当今世界，邪教势力在世界范围内滋生蔓延，成为阻碍社会进步和人类历史前进的一股逆流，也已成为国际社会面临的共同威胁。邪教的存在就像毒瘤附着在人类社会肌体上，如何防范和打击邪教，已成为世人共同的话题，抵制邪教、反对邪教、遏制邪教直至消灭邪教，就成为各国政府和人民的共识和长期的任务。

◆安全知识◆

在我们国家里，佛教、道教、伊斯兰教、天主教、基督教是几个主要的宗教，是受到国家保护的。我国宪法明文规定，公民有宗教信仰的自由。同时，任何一种合法宗教活动，都有维护国家利益、稳定社会的责任。我国的宗教团体坚持爱国爱教、独立办教的方针，都为社会做了很多有益的事情。

邪教则恰恰相反。邪教的"教"并不是指宗教的"教"，而是特指一种邪恶的说教、邪恶的势力。邪教组织不同于正常的宗教组织，它是冒用宗教、气功或其他名义，利用制造、散布迷信邪说等手段蛊惑人心，发展和控制成员，危害社会的非法组织。为此，我们要明确告诉青年朋友，邪教不是宗教，邪教是一种"歪门邪道"。

邪教与宗教有很多本质上的区别：

第一，在宗教中，神和人是有别的。再有权威，再德高望重的神职人员（僧侣、主教、神父、牧师、阿訇、道士等）也不得自称为神，邪教主却自称为神。

第二，宗教的传教活动是公开的，僧侣在寺庙中公开讲经，主教、神父在天主教堂中公开布道，教民可在教堂公开举行教务活动，这些都是人们所常见到的。邪教则经常进行隐蔽的活动。

第三,宗教并不反人类、反社会,而邪教则反人类、反社会。如日本的"奥姆真理教",在1995年3月20日制造了东京地铁的沙林毒气案,导致12人死亡,5 000余人受伤。受害的人完全是普通百姓,其反社会反人类的性质十分明显。

第四,宗教不允许神职人员个人骗财敛财,而邪教教主则大肆掠夺别人的财产据为己有。美国"人民圣殿教"的教主吉姆·琼斯的个人财产已达1 500万美元。

第五,宗教有自己的典籍和教义,邪教的所谓教义都是危言耸听的歪理邪说。

从这些区别中,我们可以看到,邪教与宗教是完全不同的两个概念,二者有着明显的本质区别。实践证明,防范和惩治邪教有利于维护宗教的正常活动,惩治邪教与保护宗教是完全统一的。

◆**安全预防**◆

1. 认清邪教的危害性,自觉防范邪教。依法防范和打击邪教是每个国家政府的职责,也是全社会公民的共同责任。任何一个负责的政府,都不会听任邪教危害人民的生命安全,破坏公共秩序和社会稳定。每个人都要行动起来,自觉防范邪教。

2. 崇尚科学精神,反对迷信思想。应当牢固掌握辩证唯物主义和历史唯物主义,反对唯心主义,反对封建迷信。应当努力学习科学知识、科学思想、科学方法和科学精神。掌握科学知识是基础,确立科学思想是灵魂,运用科学方法是途径,树立科学精神是动力。只有"四科"俱备,才能正确地分析问题,解决问题,正确地认识世界,改造世界。

要学会识别真伪,分别善恶,分清宗教与邪教的本质区别,分清我们提倡的"真、善、美"与李洪志《转法轮》里所讲的"真、善、忍"的本质区别,识破李洪志所谓"祛病健身"的骗局,从根本上认清"法轮功"反人类、反社会、反科学、反政府的反动本质。

3. 保持心理健康,注意心理安全。当在工作、生活、交往中遇到苦难和挫折,或者身体有某些疾病而陷入苦恼时,或者对社会上的腐败现象和不正之风缺乏正确、科学的分析而想逃避现实,追求洁身自好、独善其身的时候,应该积极和家人、朋友进行交流,提高心理素质,要自尊、自爱、自律、自强,增强克服困难、经受考验、承受挫折的能力,保持心理健康,注意心理安全。

◆危机应对◆

1. 不听、不信、不传。不听邪教的宣传,不相信邪教的鬼话,更不要帮着邪教去传播。如果你的亲友参加了邪教组织或搞迷信活动,要从关心、帮助他们的角度,提醒他们千万不要上当,及时揭穿邪教的鬼把戏,并劝他们尽快脱离非法组织,终止非法活动。

2. 检举揭发邪教的违法活动。如果发现有人利用会道门、邪教组织,利用迷信蒙骗群众,危害社会治安,要及时向公安、保卫部门举报。我国《刑法》中有打击"组织、利用会道门、邪教组织或者利用迷信进行犯罪活动"的规定。

3. 提高辨别能力。邪教组织往往不是以邪教的面目出现,而经常是以各种活动、聚会、联谊等形式出现,一定要注意辨别。

三、抵制谣言破除迷信

谣言是指一些未经证实却被广为传播的信息,其内容具有不确定性,同时暗示环境中可能存在潜在的威胁。有些谣言是造谣者为达到某种目的,故意编造和散布的假消息;也有一些是不准确的信息在流传过程中被不断歪曲而演变形成的。发生重大社会事件时,谣言具有明显的破坏作用,可以造成极大的经济损失和社会恐慌。

◆安全知识◆

1. 谣言是怎样产生的

(1)有的谣言源于盲目的推测。如 2003 年春夏时节发生的"非典"疫情,有人看到北京市与河北省接壤地段的道路在施工,就误认为北京市将实行封城,此谣言流传到市内,导致一些居民盲目抢购生活必需品,造成市场供应的紧张。

(2)有的谣言是由于缺乏科学知识而造成的误解。如 2011 年3 月中旬,我国部分省市的超市曾一度出现抢购食盐的风潮,其原因是人们相信了"日本发生的地震海啸导致的核泄漏污染了海盐"的传言,因为我国的食盐多为加碘盐,所以人们还相信"多吃食盐可以防辐射"的传言。

(3)还有个别缺乏职业道德的新闻工作者为耸人听闻而制造假新闻,如北京电视台某记者捏造有人用纸箱碎屑做肉馅包子的新闻报道,导致市民一度恐慌。

(4)政治斗争和战争中通过放言实施反间计而打击对方的事例就更多了,德国的戈培尔就公开宣扬过:"如果撒谎,就撒弥天大谎。因为弥天大谎往往具有某种可信的力量。""谎言重复千遍就是真理。"

2. 谣言传播的方式

信息的传播有人与人之间的直接传播和通过媒介的间接传播两种形式。谣言的传播是一种非正式传播,开始一般都是金字塔形的口头传播方式,即一传十、十传百。发展到一定阶段,有人开始使用电话、手机短信、电子邮件等间接传播方式更加迅速和大量地传播。直接传播的过程中往往被选择性地夸大,与原始信息的差别越来越大,有时还使原本真实的原始信息在非正式渠道传播过程中逐渐演变成为谣言。如 20 世纪 70 年代中期曾一度流传云南有一条大蟒蛇吞进火车的离奇谣言。与间接传播相比,口头直接传播往往更容易使人信以为真,促使信谣者作出错误的决策并采取盲目的行动。由于大多数谣言开始都是以非正式的口头传播形式流行,领导者如果未能深入群众,往往觉察不到,等到谣言铺天盖地的泛滥并已酿成突发事件时,再采取处置措施往往为时已晚。

◆ 安全预防 ◆

1. 依靠科学抵制谣言。科学是对付谣言最有效的武器。因为任何谣言都人有违背事实、违背科学原理与社会常理的特点。谣言止于智者，止于信息透明。

2. 对于关系人民群众切身利益的事情，包括各种自然灾害，各级政府和各单位领导应尽可能地在第一时间把信息公布于众，让群众了解真实情况并取得群众的理解，谣言自然就没有了市场。

3. 新闻宣传部门要及时报道来自正常渠道的真实消息，杜绝虚假新闻，杜绝炒作和夸张，同时要大力宣传党的方针政策和科学知识，宣传先进人物和事迹。

4. 农民朋友们在发生重大自然灾害和突发事件时，要保持冷静，不信谣言，不传谣言，主动配合地方政府和乡村基层领导，科学应对，共渡难关。

◆危机应对◆

当代社会，信息传播无处不在，封锁信息的结果是谣言四起，使人们更加不相信政府。当危机来临时，政府的权威信息传播得越及时、越准确，就越有利于维护社会的稳定和政府的威信。如果真实信息发布太晚，公众被谣言牵着鼻子走，已经不相信政府的信息，则很容易被一些别有用心的人利用。社会矛盾越大，公共安全事件越严重，越容易产生满天飞的谣言。及时公开真实信息，就能够争取到公众的理解和处置突发事件的主动权。

第八章　自然灾害安全

　　我国自然灾害种类繁多。地震、台风、暴雨、洪水、内涝、高温、雷电、大雾、泥石流、山体滑坡、海啸、道路结冰、龙卷风、冰雹、暴风雪、崩塌、地面塌陷、沙尘暴等,每年都要在全国或局部地区发生,造成大范围的损害或局部地区的毁灭性打击。我国平均每年因灾害死亡1万人以上。

一、地震预防与自救

　　地震是由地壳的剧烈运动引起的突然而强烈的震动,是世界上最严重的自然灾害之一。地震最主要的危害是由建筑物倒塌造成的。地震灾害造成的伤亡数占自然灾害死亡人数的一半以上。我国是世界上陆地地震灾害最为严重的国家,发生地震次数约占全球的33%。如2008年5月12日汶川大地震就造成死亡、失踪人员近10万人(图8-1)。

图8-1　5·12汶川大地震

◆安全知识◆

地震虽然来势汹汹,其实在地震前,人的感官能直接觉察到的地震异常现象,为人们及时预防提供依据。常见的地震前预兆主要有:

1. 地下水异常。地震前地下水包括井水、泉水等常出现发浑、冒泡、翻花、升温、变色、变味、突升、突降、井孔变形、泉源突然枯竭或涌出等现象。

2. 生物异常。地震前一些动物出现反常的情形,有几句顺口溜总结得好:

震前动物有预兆,群测群防很重要。

牛羊骡马不进厩,猪不吃食狗乱咬。

鸭不下水岸上闹,鸡飞上树高声叫。

冰天雪地蛇出洞,大鼠叼着小鼠跑。

兔子竖耳蹦又撞,鱼跃水面惶惶跳。

蜜蜂群迁闹哄哄,鸽子惊飞不回巢。

家家户户都观察,发现异常快报告。

除此之外,有些植物在震前也有异常反应,如不适季节的发芽、开花、结果或大面积枯萎与异常繁茂等。

3. 气象异常。主要有震前闷热,人焦灼烦躁,久旱不雨或霪雨绵绵,黄雾四塞,日光晦暗,怪风狂起,六月冰雹等。

4. 地声异常。当地震发生时,有持续几秒到几分钟的强烈、怪异的声音,如雷鸣、大炮或机器轰鸣、狂风呼啸、大树折断声,好似刮风,但树梢和树叶都不动。

5. 地光异常。震前几小时到几分钟内出现持续几秒钟的明亮而恐怖、五光十色,呈片状、带状、柱状、球状等,亮如白昼,但树无影。

6. 地气异常。常在震前几天至几分钟内出现雾气,具有白、黑、黄等多种颜色,有时无色,常伴随怪味,有时伴有声响或带有高温。

7. 地动异常。地震发生之前,有时感到地面也晃动,这种晃动与地震时不同,摆动得十分缓慢,地震仪常记录不到,但很多人可以感觉得到。

8. 电磁异常。最为常见的电磁异常是收音机失灵,在北方地区日光灯在震前自明也较为常见。电磁异常还包括一些电机设备工作不正常,如微波站异常、无线电厂受干扰、电子闹钟失灵等。

◆ **安全预防** ◆

1. 地震多发地区,平时要做好震时应急疏散预案,以防地震时手忙脚乱,耽误时间。

2. 地震多发地区,平时要确定地震时疏散路线和避震地点。

3. 平时要学会掌握基本的医疗救护技能,如人工呼吸、止血、包扎、搬运伤员和护理方法等。

4. 适时进行应急疏散演习,发现问题及时纠正、弥补。同时要正确识别地震谣言。

◆ **危机应对** ◆

1. 室内避震。当地震发生时,如果在室内,应立即蹲下或坐下,尽量蜷曲身体,降低身体重心;抓住桌腿等身边牢固的物体,以免震时摔倒;用身边的物品,如书包、衣服、被褥等顶在头上,保护头颈;低头、闭眼,以防异物伤害眼睛;可用湿毛巾捂住口、鼻,以防吸入灰土、毒气;避震要持续 1 分钟左右,才可以转移、撤离;千万不要跳楼,不要破窗而出,不要到阳台和窗台边,不要乘坐电梯(图 8 - 2)。

2. 户外避震。当地震发生时,如果在户外,首先要避开高大建筑物或构筑物。如立交桥、人行天桥、高烟囱、水塔等。其次要避开危险物、高耸或悬挂物,如高压线、电线杆、路灯、广告牌等。再次要避开危旧房屋、雨篷、砖瓦木料堆放处等。最后要避开人多的地方,不要跑回室内(图 8 - 3)。

3. 野外避震。当地震发生时,如果在野外,要避开山脚,以及陡峭的山坡、山崖。要避开河边、湖边、海边,避开水坝、堤坝,避开桥面或桥下。要避开一些危险场所,如变压器、高压线下,以及生产危险品的工厂或危险品仓库。

图 8 - 2　室内避震诀窍

图 8 - 3　户外避震诀窍

4. 乘坐交通工具避震。当地震发生时,如果正在乘坐交通工具时,一定要抓牢扶手,低头;或降低重心,躲在座位旁。不要马上下车,等地震过去后再下车。

5. 地震发生后,当你被埋在废墟中时:尽量把双手从埋压物中抽出来,挪开脸前、胸前的杂物,消除口、鼻附近的灰土,露出头部,保持呼吸畅通。设法避开身体上方不结实的倒塌物、悬挂物或其他危险物。搬开身边可搬动的碎砖瓦等杂物,注意搬不动时千万不要勉强,防止周围杂物进一步倒塌。闻到煤气及有毒异味或灰尘太大时,设法用湿衣物捂住口、鼻。不要盲目乱喊乱叫,注意保持体力,也可以用敲击声求救(图8-4)。

图8-4 震后自救原则

二、地质灾害巧躲避

地质灾害是指由自然因素或人为活动引发的危害人民生命和

财产安全的山体崩塌、滑坡、泥石流等与地质作用有关的灾害。一旦遇上这种灾难,迅速逃生自救是最重要的(图8-5,图8-6)。

◆安全知识◆

1. 滑坡前的预兆主要有:断流泉水复活,或泉水井水忽然干涸;滑坡体后缘的裂缝扩张,有冷气或热气冒出;有岩石开裂或被挤压的声音;动物惊恐异常,植物变形。

图8-5 滑坡灾害

2. 发生泥石流前常出现:河流突然断流或水势突然加大,并夹杂着较多杂草、树枝;深谷或沟内传来类似火车轰鸣或闷雷般的声音;沟谷深处忽然变得昏暗,并伴随着轻微的震动感。

◆安全预防◆

1. 注意观察滑坡、泥石流前出现的一些预兆,及时采取应对措施,避免人员与财产损失。

2. 危险地区进入雨季后,如果降雨持续时间愈长,降雨量愈大,滑坡、泥石流灾害愈普遍、愈严重。因此,当接到滑坡或泥石流警报或连续长期降雨后,应迅速迁出危险区。

3. 滑坡多为突然发生,且多发生在夜间。当危险地区出现暴雨时,滑坡又往往和泥石流同时发生,因此,一旦发现有滑坡征兆

图8-6 泥石流灾害

或接到预警通知一定要及时撤离危险处。

4. 滑坡的易发和多发地区有江、河、湖（水库）、沟的岸坡地带，地形高差大的峡谷地区，山区铁路、公路、工程建筑物的边坡、暴雨多发区及异常的强降雨区等。在这些地方生活或活动一定要注意雨季滑坡的危险。

5. 在沟谷遭遇暴雨、大雨，要迅速转移到安全的高地，不要在谷地或陡峭的山坡下避雨。

◆**危机应对**◆

1. 当看到滑坡向你所处的房屋滑来，说明你处于滑坡的前部，处于最危险的地方，应该向两侧以最快的速度逃离（图8-7）。

2. 当泥石流向你所处的房屋袭来，要向泥石流所流经的河谷、凹槽、公路、沟渠两侧的高地上迅速转移。

3. 在野外发生暴雨、洪水时，滑坡极易出现。如果你处于滑坡上部，又遇到无法跑离的高速滑坡时，不能慌乱，在一定条件下，如滑坡呈整体滑动时，原地不动，或抱住大树等物体，也是一种有效的自救办法。

4. 如果你处于滑坡体的两侧或上部，要往滑坡的相反方向跑。

图 8 - 7　滑坡与泥石流自救

5. 当处于泥石流前部时,应迅速向泥石流沟的两侧撤离,切记不能顺着沟向上或向下跑。

三、洪涝灾害巧应对

洪灾是对人类影响最大的灾害。我国长江连年洪灾给中下游地区带来极大的损失,严重损害了社会经济的发展(图 8 - 8)。

图 8 - 8　洪涝灾害

◆**安全知识**◆

洪灾后卫生防病常识：

1. 洪水过后,要及时清除室内外淤泥、垃圾、积水,搞好环境卫生,防止蚊蝇孳生;要积极开展消毒、杀虫、灭鼠工作,预防疾病发生和蔓延。

2. 要开门、开窗、通风、换气,保持空气流通,预防呼吸道传染病。

3. 要清理和保护饮用水水源,确保饮用水安全。喝开水,不要喝生水。

4. 漱口以及洗瓜果、蔬菜和餐具、厨具的水要卫生,使用经消毒处理的水。

5. 食物要煮熟、煮透后及时食用,不要生吃;不要食用被洪水浸泡过的食物。

6. 不要食用被洪水淹死的家禽家畜,要深埋处理,防止污染环境。

7. 不吃来源不明、无明确厂名厂址、过期以及标志不清的食品。

8. 浑浊的水,须经过滤、沉淀后,再消毒处理后使用。

9. 不采集、不食用野菇等野生植物。

10. 救灾疲劳后要注意休息,注意个人卫生;要防中暑、防受凉、防蚊虫叮咬。

11. 不要随地大小便;不要乱扔垃圾。

12. 清理淤泥、积水时,要避免长时间裸脚接触淤泥、污水,防止皮肤病。

13. 生病要及时就医。发现传染病以及不明原因的疾病患者,要及时向当地卫生院、防疫站报告。消毒、除虫、灭鼠方法向当地卫生院、防疫站咨询。

◆**安全预防**◆

1. 社会要大力预防洪涝灾害。加强堤防建设、河道整治以及水库工程建设，是避免洪涝灾害的直接措施。长期持久地推行水土保持，从根本上减少发生洪涝的机会。切实做好洪水、天气的科学预报与滞洪区的合理规划，减轻洪涝灾害的损失。建立防汛抢险的应急体系，是减轻灾害损失的最后措施。

2. 平时可通过广播、专题讲座等形式，加强防洪安全教育，提高农民安全防洪意识和能力。各村、乡、县要建立防洪抢险指挥组织，做好防洪期间的值班工作，及时发布有关消息和警报。雨季来临前，要组织人员对防洪设施进行全面检查（图 8－9）。

图 8－9　洪涝灾害教育

3. 要提高防洪意识和能力。易受洪水淹没的地区，当有连续暴雨或大暴雨时，应注意收听当地气象台的洪水警报，注意水位变化，选择最佳路线和目的地撤离。

（1）接到洪水预报时，应备足食品、衣物、饮用水、生活日用品和必要的医疗用品，妥善安置家庭贵重物品，也可将不便携带的贵重物品作防水捆扎后埋入地下或放到高处，票款、首饰等小件贵重物品可缝在衣服内随身携带。

（2）搜集木盆、木材、大件泡沫塑料等适合漂浮的材料，加工成救生装置以备急需。

（3）保存好尚能使用的通讯设备。收集手电、口哨、镜子、打火机、色彩艳丽的衣服等可作信号之用的物品,做好被救援的准备。

4. 洪水即将来临时,有序地将人员和财产向高处转移。原地避水的,可将家中物品放在楼上,或将其置于高处(柜顶、桌上等),并应在楼上贮备一些食物及必要的生活用品,如饮水、保暖衣物和烧火用具等。室内进水前,要及时拉断电源,以防引起触电事故。

5. 在室外,则要避开大树、电杆、变电器等比较容易引雷的地方,保持比较低的姿势,并不要手持带有尖端金属的物品。洪水猛涨时,可先躲到屋顶、大树或附近小山丘上暂避,并用绳子或被单等物将身体与烟囱、树木等固定物相连,以免被洪水卷走。

◆**危机应对**◆

1. 当洪水到来时,要听从各级政府的组织与安排,进行必要的防洪准备,及时撤退到相对安全的地方。

2. 发生险情要及时报告,在统一组织下抢险救灾,妇女儿童一般以避灾为主,不宜参加抢险活动。

3. 被洪水围困时,尽可能收集一切可以用来发出求救信号的物品,如手电筒、哨子、旗帜、鲜艳的衣物等,及时发出求救信号(图8-10)。

4. 在洪水汹涌时,切不可下水,这时除水流中的涡旋、暗流等对人的伤害外,上游下来的水中漂浮物有可能将人撞昏,导致溺水身亡。

5. 被洪水卷走时,如有可能应抓住木板、树干等漂浮物,尽量不让身体下沉,等待救援。

6. 汛期尽量不要到容易发生山洪的景区旅游。在山区旅游中,一旦遭遇暴雨,应向山脊方向避洪,不要在危岩和不稳定的巨石下避洪,千万不可在山谷中逗留(经常是人们的旅游路线)。

7. 洪水时,要注意保护水源地(水井等),饮水要用漂白粉消毒(有条件的地方可用瓶装水或净水器过滤),并一定要烧开饮用。

8. 洪涝期间,应注意不吃变质及受到污染的食品,严防食物中毒及肠道传染病的流行。

图 8 - 10　洪涝灾害自救

9. 掌握抢救溺水者的知识。抢救时,首先要把溺水者救上船或陆地,迅速排去呛入体内的水,清除口、鼻腔内的淤泥及假牙等异物,保持呼吸道畅通,必要时行心肺复苏术:按压胸部(略偏左)心区,同时口对口地做人工呼吸。有条件的应尽快送医院抢救。

10. 洪水水位未完全退却之前,不要到易被淹没地带活动,也不要到淹没地带围观。警惕和防止毒蛇、毒虫咬伤以及倒塌电杆上电线的电击。

四、防雷防风讲科学

◆安全知识◆

雷电是发生在大气层中的一种声、光、电的气象现象,主要反映在雷雨云内部及雷雨云之间,或雷雨云与大地之间的放电现象。

它是 10 种最严重的自然灾害之一,全球每年因雷击造成伤亡超过
1 万人,雷电所导致的火灾、爆炸等时有发生,严重威胁人们的生命
和财产损失。

风力达到足以危害人们的生产活动、经济建设和日常生活的
风,成为大风。气象上称 6 级(12 米/秒)或以上的风为大风。危害
性大风主要指台风、寒潮大风、雷暴大风、龙卷风。

雷暴大风是受起伏地形和热力分布不均而产生的动力作用与
热力作用的综合结果,移动速度常超过台风的移速,每小时可达 60
千米以上,尽管破坏很大,但寿命短,影响范围小,局部性的。多出
现在夏季。

龙卷风是一种强烈的、小范围的空气涡旋,是在极不稳定天气
下,由空气强烈对流运动而产生的,由雷暴云底伸展至地面的漏斗
状云(龙卷)产生的强烈的旋风,其风力可达 12 级以上,最大可达
100 米每秒以上,一般伴有雷雨,有时也伴有冰雹。

我国对发生在北太平洋西部和南海的热带气旋,根据国际惯
例,依据其中心最大风力分为:热带低压,最大风速 < 8 级(< 17.2
米/秒);热带风暴,最大风速 8 ~ 9 级(17.2 ~ 24.4 米/秒);强热带
风暴,最大风速 10 ~ 11 级(24.5 ~ 32.6 米/秒);台风,最大风速 ≥
12 级(≥ 32.7 米/秒)。

寒潮大风是由寒潮天气引起的大风天气。寒潮大风主要是偏
北大风,风力通常为 5 ~ 6 级,当冷空气强盛或地面低压强烈发展
时,风力可达 7 ~ 8 级,瞬时风力会更大。

◆**安全预防**◆

1. 遭遇雷电天气和雷暴大风时,如果在室内,要做好以下防范
措施:

(1)应关闭电视机、电脑,更不能使用电视机的室外天线。

(2)雷电时,不要开窗户,不要把头或手伸出户外,更不要用手
触摸靠近窗户的金属物,以防受到雷击。

(3)雷电交加时,勿打手机或有线电话(图 8 - 11)。

图 8-11　雷电天气打电话危险

2. 外出时遇到雷电天气和雷暴大风,要做好以下防范措施:

(1)在野外遇到雷雨时,不可躲在大树下避雨;切勿站立于山顶、楼顶上。

(2)在旷野中遇到雷雨时,人应双脚并拢,并尽可能下蹲,但不准躺在地上。不要几个人拥挤成堆,人与人之间要分开一定距离。

(3)雷雨天气时,在旷野中不可高举雨伞、铁锹、钓竿、球杆等物体;应远离高塔、广告牌、桅杆等孤立的物体;不宜使用手机等通讯电器,应关闭电源。

(4)雷雨天气时,不宜游泳或从事其他水上运动;在户外活动的人应尽快回屋(图 8-12)。

(5)在雷雨天气时,不宜开摩托车,骑自行车。

3. 大风季节,要随时了解 24~36 小时内当地的天气预报。并做好以下防范措施:

(1)若发出大风警报,可准备好蜡烛、火柴和手电筒、干净的水和食物、防水胶布和塑料布备用。

(2)飓风经过的地区,应把整个建筑物的窗户钉住或者完全堵住。向风一面的窗户可用木板等物件加以保护。同时加固门窗、围挡等易被风吹动的搭建物。

尽快离开水面，不要游泳。

图 8 - 12 雷雨天气不要游泳

（3）把贵重物品和容易被风吹走的花盆、晒衣竹竿、衣物等物品搬进安全的地方，固定可能被风刮走或刮坏的不能搬进屋内的较大物件。

（4）狂风大作时常常伴有雷电交加，此时应尽量拔下电器插头。另外，电视天线引入线最好也要从电视机背后拔下。

◆**危机应对**◆

1. 如果发现头发竖起或蚂蚁爬走的感觉时，可能要被雷击，要立即趴在地上，并迅速摘下身上的金属饰品。遭受到雷击的人可能被烧伤或严重休克，但身上并不带电，可以安全地加以处理和抢救，首先将伤员转移至安全的地方，然后拨打"120"电话求救。

2. 遭遇大风时，如果在室外，可以采取以下措施避风暴：

（1）避开高大建筑物、破旧的危房、危墙和木料砖瓦堆放处。如果在工地附近行走时应尽量远离工地并快速通过。

（2）避开大型广告牌、霓虹灯箱、高压线、电线杆、路灯（图 8 - 13）。

（3）如果在野外，洞穴、沟渠、坚固的岩石背后等是最好的避风

图 8－13　远离树木、高压线

地方。

（4）路上遇到大风步行不稳时，可把衣服用带子扎紧，弯腰紧缩身体，慢慢前行。顺风时不要急跑，如眼和鼻中进沙，应立即清除后再走；如在河边行走，应尽快走离靠近水面处，也可原地卧倒，以免被吹到水中。

（5）骑车遇到强风时，应暂时停开躲避。停车时应远离楼房、广告、枯树处。

（6）在野外遇龙卷风时，应就近寻找低洼地伏于地面，但要远离大树、电杆，以免被砸、被压和触电。

五、冰雪天气防跌伤

◆安全知识◆

冰雪天气包括大幅度降温、暴风雪、寒流等低温冰雪天气，主要危害是封锁道路、积雪覆盖草场、冻伤冻死人畜、摧毁水电暖气设施等。给人们的生活造成极大的威胁(图 8 - 14)。

图 8 - 14 冰雪灾害

◆安全预防◆

1. 随时收听天气预报,提前做好准备工作。储备足够的食品、饮用水、燃料和打火机及手电、蜡烛等,以防冰雪破坏供电、供水、煤气管道。

2. 防寒不好的房屋应及时加固门窗避寒。

3. 得知冰雪天气警报后,心血管和肺部疾病患者应做好防寒保暖准备,不要出门,并通过电话与外界保持经常的联系。

4. 冰雪天气最好不要骑车,以防滑倒跌伤。

◆危机应对◆

1. 如果在野外行走,在遭遇暴风雪时,首先要选择干燥背风、向阳的地方藏身,接着用灯光、声音和通讯工具紧急求救。藏身时绝不能睡着,以防冻伤。

2. 在严寒中,头、手指、手腕、膝盖、足踝等部位应该充分保暖。应该将毛衣、背心和开襟羊毛衫塞进裤腰里保护腰部。

3. 在冰冷刺骨的地带要多运动,只要环境允许就要不停地动。雪地水源丰富,不过要烧开才能饮用,否则会引起腹泻。

4. 在野外随身携带的食品和饮用水用完后,可积极寻觅食物。对寻找的无毒食物和饮用水必须煮熟后食用。

5. 发生冻伤可采取以下急救方法:

(1)对局部冻伤的急救要领是一点一点地、慢慢地用与体温一样的温水浸泡患部使之升温。如果仅仅是手冻伤,可以把手放在自己的腋下升温。然后用干净纱布包裹患部,并去医院治疗。

(2)全身冻伤,体温降到20℃以下就很危险。此时一定不要让伤员睡觉,强打精神并振作活动的很重要的。

(3)当全身冻伤者出现脉搏、呼吸变慢的话,就要保证呼吸道畅通,并进行人工呼吸和心脏按压。要渐渐使身体恢复温度,然后速去医院。

六、高温天气防中暑

◆安全知识◆

酷暑期间,不要等口渴了才喝水,因为口渴已表示身体已经缺水了。最理想的是根据气温的高低,每天喝 1.5～2 升水。出汗较多时可适当补充一些盐水,弥补人体因出汗而失去的盐分。另外夏天的时令蔬菜,如生菜、黄瓜、番茄等的含水量较高;新鲜水果,如桃子、杏、西瓜、甜瓜等水分含量为80%～90%,都可以用来补充水分。另外,乳制品既能补水,又能满足身体的营养之需(图 8 - 15)。

◆安全预防◆

1. 注意收听高温预报,饮食宜清淡;多喝凉开水、冷盐水、白菊花水、绿豆汤等防暑饮品。

2. 室内要注意保持早晚通风,早晚可在室内可适当洒水降温。如在户外工作,可早出晚归,中午多休息。

3. 准备一些常用的防暑降温药品,如清凉油、人丹等。

4. 夏季炎热,衣着要宽大舒适,以通风透气性好、吸湿性强的棉织物为宜。外出时的衣服尽量选用棉、麻、丝类的织物,少穿化

图 8-15 预防中暑

纤品类服装。

5. 合理安排作息时间。最佳就寝时间是 22 时左右,最佳起床时间是 6 时左右。睡眠时注意不要躺在空调的出风口和电风扇下,以免患上空调病和热伤风。空调温度应控制在与室外温差 5 ~ 10℃,室内外温差太大,反而容易中暑、感冒。

6. 白天尽量减少户外活动时间,中午 12 ~ 14 时最好不要外出。

◆危机应对◆

1. 高温时间外出时,应备好太阳镜、遮阳帽、清凉饮料等防暑用品。长时间外出还要准备好清凉油、仁丹等防暑药物。

2. 乘车长途旅行时要适当站起来活动。改善臀部、背部的透气性,不要长时间靠、坐、睡觉,否则局部汗液排泄不畅及被汗液长时间浸渍易生痱子。

3. 晒伤皮肤出现肿胀、疼痛时,可用冷水毛巾敷在患处,直至痛感消失。出现水泡,不要去挑破,应请医生处理。

4. 衣衫被汗液浸湿后要及时更换。皮肤上的汗液要及时擦干,还应注意皮肤清洁,勤用温水洗脸洗澡。

5. 出汗后,应用温水冲洗,洗净擦干后,在局部易出痱子的地方适当扑些痱子粉,以保持皮肤干燥。

6. 一旦发现他人中暑,应尽快将人移到阴凉通风处,衣服用冷水浸湿,裹住身体,并保持潮湿。或者不停地给他扇风散热并用冷毛巾擦拭患者身体,直到体温下降到38℃以下。用冷水毛巾敷于头部,给患者喝冷盐开水,太阳穴涂清凉油。

7. 如果中暑者意识还比较清醒,应让其身体保持坐姿休息,头与肩部给予支撑。如果中暑者已失去意识,应让其平躺。给患者及时补充水分,通常服用口服补液盐就足够了,并且越凉越好。多次少量地喝,不要大口喝,以免导致呕吐,如果病情严重,需送往医院救治。

8. 对于重症中暑者,应尽快先进行物理降温,如在额头上。两腋下和腹股沟等处放置冰袋,以防止脑水肿,同时用冷水、冰水或者75%酒精(白酒亦可)擦全身。如果病情严重应及时就近送往医院。

参考文献

[1]郑大玮. 农村生活安全基本知识. 北京:中国劳动社会保障出版社,2011

[2]肖红梅. 农业生产安全基本知识. 北京:中国劳动社会保障出版社,2010

[3]中华人民共和国农业部. 农民生产生活安全. 北京:中国农业出版社,2009

[4]中华人民共和国农业部. 农产品安全生产基本知识. 北京:中国农业出版社,2009

[5]宋志伟,宫毅. 学生安全教育读本. 北京:高等教育出版社,2007

[6]宋志伟,燕国瑞. 大学生安全教育. 北京:清华大学出版社,2007

[7]北京市突发公共事件应急委员会办公室. 首都市民防灾应急手册. 北京:北京出版社,2006

[8]池根成. 遭遇危险与逃生. 北京:金盾出版社,2004

[9]宋志伟. 中小学生安全教育教师用书. 武汉:湖北教育出版社,2009